# 《起重设备安装工程施工及验收规范》

# 实施指南

规范编制组　编

中国建筑工业出版社

**图书在版编目（CIP）数据**

《起重设备安装工程施工及验收规范》实施指南/规范编制组编．—北京：中国建筑工业出版社，2011.9
ISBN 978-7-112-13481-6

Ⅰ．①起…　Ⅱ．①规…　Ⅲ．①起重机械-设备安装-工程施工-规范-中国-指南②起重机械-设备安装-工程验收-规范-中国-指南　Ⅳ．①TH210.66-65

中国版本图书馆 CIP 数据核字（2011）第 169872 号

# 《起重设备安装工程施工及验收规范》
# 实施指南

规范编制组　编

*

中国建筑工业出版社出版、发行（北京西郊百万庄）
各地新华书店、建筑书店经销
北京永峥排版公司制版
北京建筑工业印刷厂印刷

*

开本：850×1168 毫米　1/32　印张：6⅛　字数：163 千字
2011 年 11 月第一版　2011 年 11 月第一次印刷
定价：**22.00** 元
ISBN 978-7-112-13481-6
（21282）

为了更好地帮助使用者准确理解和应用《起重设备安装工程施工及验收规范》GB 50278—2010 的规定，推动规范的贯彻实施，规范编制组有关成员编写了本实施指南。本书包括起重机的发展趋势、规范修订概况、规范条文释义、起重机金属结构与静刚度释义、施工质量记录参考样表以及相关法律、文件等内容。

本书可供建设、监理、施工、设计单位的有关技术人员及管理人员学习和参考。

*　　*　　*

责任编辑：刘　江　王砾瑶
责任设计：董建平
责任校对：党　蕾　刘　钰

# 前　言

《起重设备安装工程施工及验收规范》GB 50278—2010（简称新规范）是由中国机械工业建设总公司会同有关单位共同对《起重设备安装工程施工及验收规范》GB 50278—98（简称原规范）修订而成。2010 年 5 月中华人民共和国住房和城乡建设部批准颁布，于 2010 年 12 月 1 日起实施，原规范同时废止。

为了《起重设备安装工程施工及验收规范》GB 50278—2010 得到更好的贯彻实施，由国家机械工业安装工程标准定额站组织了有关编制组成员编写了《起重设备安装工程施工及验收规范》实施指南（简称《实施指南》），作为新规范实施的参考技术资料，以更好地帮助读者全面系统地掌握新标准，准确理解和应用新规范的规定。

《实施指南》是对新规范的延伸，因此涉及了一些规范条文以外的内容仅供参考。如有与规范条文不一致之处，应以规范条文的内容为准。同时由于时间仓促和水平有限，本书中存在的不足和疏漏在所难免，敬请读者批评指正。

主要起草人：杜世民、关洁、刘瑞敏、彭勇毅、高杰

2011 年 5 月

# 目　　录

# 第一篇　起重机发展趋势

物料搬运是人类生产活动的重要组成部分，距今已有5000多年的发展历史。随着生产规模的扩大，自动化程度的提高，作为物料搬运重要设备的起重机在现代化生产过程中应用越来越广，作用愈来愈大，对起重机的要求也越来越高。起重机正经历着一场巨大的变革，呈现出了六大发展趋势。

**一、大型化和专用化**

由于工业生产规模的不断扩大，生产效率日益提高，以及产品生产过程中物料装卸搬运费用所占比例逐渐增加，促使大型或高速起重机的需求量不断增长。起重量越来越大，工作速度越来越高，并对能耗和可靠性提出更高的要求。起重机已成为自动化生产流程中的重要环节。起重机不但要容易操作，容易维护，而且安全性要好，可靠性要高，要求具有优异的耐久性、无故障性、维修和使用经济性。目前世界上最大的浮游起重机起重量达6500t，最大的履带起重机起重量达3000t，最大的桥式起重机起重量为1200t，集装箱岸边装卸桥小车的最大运行速度已达350m/min，堆垛起重机最大运行速度是240m/min，垃圾处理用起重机的起升速度达100m/min。

工业生产方式和用户需求的多样性，使专用起重机的市场不断扩大，品种也不断更新，以特有的功能满足特殊的需要，发挥出最佳的效用。例如冶金、核电、造纸、垃圾处理的专用起重机，防爆、防腐、绝缘起重机和铁路、船舶、集装箱的专用起重机的功能不断增加，性能不断提高，适应性比以往更强。德国德马格公司研制出一种飞机维修保养的专用起重机，在国际市场打开了销路。这种起重机安装在房屋结构上，跨度大、起升高度大、可过跨、停车精度高。在起重小车下面安装有多节伸缩导管，与飞机维修平台相连，并可作360°旋转。通过大车和小车的位移、导管的升降与旋转可使维修平台到达飞机的任一部位，进行飞机的维护和修理，极为快捷方便。

**二、模块化和组合化**

用模块化设计代替传统的整机设计方法，将起重机上功能基本相同的构件、部件和零件制成有多种用途，有相同连接要素和可互换的标准模块，通过不同模块的相互组合，形成不同类型和规格的起重机。对起重机进行改进，只需针对某几个模块。设计新型起重机，只需选用不同模块重新进行组合。可使单件小批量生产的起重机改换成具有相当批量的模块生产，实现高效率的专业化生产，企业的生产组织也可由产品管理变为模块管理。达到改善整机性能，降低制造成本，提高通用化程度，用较少规格数的零部件组成多品种、多规格的系列产品，充分满足用户需求。

目前，德国、英国、法国、美国和日本的著名起重机公司都已采用起重机模块化设计，并取得了显著的效益。德国德马格公司的标准起重机系列改用模块化设计后，比单件设计的设计费用下降12%，生产成本下降45%，经济效益十分可观。德国德马格公司还开发了一种KBK柔性组合式悬挂起重机，起重机的钢结构由冷轧型轨组合而成，起重机运行线路可沿生产工艺流程任意布置，可有叉道、转弯、过跨、变轨距。所有部件都可实现大批量生产，再根据用户的不同需求和具体物料搬运路线在短时间内将各种部件组合搭配即成。这种起重机组合性非常好，操作方便，能充分利用空间，运行成本低。有手动、自动多种形式，还能组成悬挂系统、单梁悬挂起重机、双梁悬挂起重机、悬臂起重机、轻型门式起重机及手动堆垛起重机，甚至能组成大型自动化物料搬运系统。

**三、轻型化和多样化**

有相当批量的起重机是在通用的场合使用，工作并不很繁重。这类起重机批量大、用途广，考虑综合效益，要求起重机尽量降低外形高度，简化结构，减小自重和轮压，也可使整个建筑物高度下降，建筑结构轻型化，降低造价。因此电动葫芦桥式起重机和梁式起重机会有更快的发展，并将大部分取代中小吨位的一般用途桥式起重机。德国德马格公司经过几十年的开发和创新，已形成了一个轻型组合式的标准起重机系列。起重量为1～63t，工作级别为A1～A7，整个系列由工字形和箱形单梁、悬挂箱形单梁、角形小车箱形单梁和箱形双梁等多个品种组成。主梁与端梁相接以及起重小车的布置有多种形式，可适合不同建筑物及不同起吊高度的要求。根据用户需要每种规格起重机都有三种单速及三种双速供任意选择，还可以选用变频调速。操纵方式有地面手电门自行移动、手电门随小车移动、手电门固定、无线遥控、司机室固定、司机室随小车移动、司机室自行移动等七种选择。大车及小车的供电有电缆小车导电、DVS系统两种方式。如此多的选择项，通过不同的组合，可搭配成百上千种起重机，充分满足用户不同的需求。这种起重机的另一最大优点是轻型化，自重轻、轮压轻、外形尺寸高度小，可人人降低厂房建筑物的建造成本，同时也可减小起重机的运行功率和运行成本。与通用产品相比较，起重量为10t，跨度22.5m，通用双梁桥式起重机自重是24t，起重机轨面以上高度1876mm，起重机宽度5980mm；德马格起重机的自重只有8.7t，重量轻了176%，起重机轨面以上高度为920mm，降低了104%，起重机宽度为2980mm，外形尺寸减少了100%。

**四、自动化和智能化**

起重机的更新和发展，在很人程度上取决于电气传动与控制的改进。将机械技术和电子技术相结合，将先进的计算机技术、微电子技术、电力电子技术、光缆技术、液压技术、模糊控制技术应用到机械的驱动和控制系统，实现起重机的自动化和智能化。大型高效起重机的新一代电气控制装置已发展为全电子数字化控制系统。主要由全数字化控制驱动装置、可编程序控制器、故障诊断及数据管理系统、数字化操纵给定检测等设备组成。变压变频调速、射频数据通信、故障自诊监控、吊具防摇的模糊控制、激光查找起吊物重心、近场感应防碰撞技术、现场总线、载波通信及控制、无接触供电及三维条形码技术等将广泛得到应用，使起重机具有更高的柔性，以适合多批次少批量的柔性生产模式，提高单机综合自动化水平。重点开发以微处理机为核心的高性能电气传动装置，使起重机具有优良的调速和静动特性，可进行操作的自动控制、自动显示与记录，起重机运行的自动保护与自动检测，特殊场合的远距离遥控等，以适应自动化生产的需要。

例如采用激光装置查找起吊物的重心位置，在取物装置上装有超声波传感器引导取物装置自动抓取货物。吊具自动防摇系统能在运行速度200m/min、加速度$0.5m/s^2$的情况下很快使起吊物摇摆振幅减至几毫米。起重机可通过磁场变换器或激光达到高精度定位。起重机上安装近场感应系统，可避免起重机之间的互相碰撞。起重机上还安装了微机自诊断监控系统，该系统能提供大部分常规维护检查内容，如齿轮箱油温、油位，车轮轴承温度，起重机的载荷、应力和振动情况，制动器摩擦衬片的寿命及温度状况等。

**五、成套化和系统化**

在起重机单机自动化的基础上，通过计算机把各种起重运输机械组成一个物料搬运集成系统，通过中央控制室的控制，与生产设备有机结合，与生产系统协调配合。这类起重机自动化程度高，具有信息处理功能，可将传感器检测出来的各种信息实施存储、运算、逻辑判断、变换等处理加工，进而向执行机构发出控制指令。这类起重机还具有较好的信息输入、输出接口，实现信息全部、准确、可靠地在整个物料搬运集成系统中的传输。起重机通过系统集成，能形成不同机种的最佳匹配和组合，取长补短，发挥最佳效用。目前重点发展的有工厂生产搬运自动化系统，柔性加工制造系统，商业货物配送集散系统，集装箱装卸搬运系统，交通运输和邮电部门行包货物的自动分拣与搬运系统等。

例如生产工程机械的美国卡特皮勒公司金属结构厂购置了一条以桥式起重机为主的物料自动搬运系统，用于钢板的喷丸处理、切割和入库的自动装卸搬运作业，比原先采用单机操作工作效率提高了65%。日本东芝浜川崎工厂用全自动桥式起重机组成的物料输送系统来搬运柔性加工线上的夹具和工件，为机床运送毛坯或将加工好的零件送到下一工序或仓库。这些在空间移动的起重机搬运系统代替了过去通常使用的自动导向搬运车，使车间的地面面积得到充分利用。

**六、新型化和实用化**

结构方面采用薄壁型材和异形钢、减少结构的拼接焊缝，提高抗疲劳性能。采用各种高强度低合金钢新材料，提高承载能力，改善受力条件，减轻自重和增加外形美观。桥式起重机的桥架结构形式大多采用箱形四梁结构，主梁与端梁采用高强度螺栓连接，便于运输与安装。

在机构方面进一步开发新型传动零部件，简化机构。“三合一”运行机构是当今世界轻、中级起重机运行机构的主流，将电动机、减速器和制动器合为一体，具有结构紧凑、轻巧美观、拆装方便、调整简单、运行平稳、配套范围大等优点，国外已广泛应用到各种起重机运行机构上。为使中小吨位的起重小车结构尽量简化，同时降低起重机的尺寸高度，减小轮压，国外已大量采用电动葫芦作为起升机构。为了减轻自重，提高承载能力，改善加工制造条件，增加产品成品率，零部件尽量采用以焊代铸，如减速器壳体、卷筒、滑轮等都用焊接结构。减速器齿轮都采用硬齿面，以减轻自重、减小体积、提高承载能力、增加使用寿命。液压推杆盘式制动器的应用范围也越来越大。此外，各机构采用的电动机都向高转速发展，从而减小电机基座号，减轻重量与减小外形尺寸，并可配用制动力矩小的制动器。

在电控方面开发性能好、成本低、可靠性高的调速系统和电控系统，发展半自动和全自动操纵。采用机电一体化技术，提高使用性能和可靠性，增加起重机的功能。今后会更加注重起重机的安全性，研制新型安全保护装置。重视司机的工作条件，应用人体工程学设计司机室，降低司机的劳动强度。德国近年为解决起重机吊钩的防摆控制，开发了模糊逻辑电路的控制技术，用神经信息和模糊技术来寻找开始加速的最佳时刻，将有经验司机防摆实际操作的数据输入系统，实现最优控制。模糊控制方式能确定实施自动工作的控制指令，将人们主观上的模糊量通过模糊集合进行数字化定量，再利用计算机实现像熟练司机一样的自如操作，取得了更高的效率和安全性。模糊控制作为新的控制方法已引起人们的关注。

# 第二篇 规范修订概况

## 一、规范修订过程

《起重设备安装工程施工及验收规范》历经了1963年、1978年、1998年、2010年的四次修订，本次修订是该规范的第四次修订，主编单位中国机械工业建设总公司会同10个有关单位共19人组成的修订组，根据原建设部《关于印发（二〇〇二年~二〇〇三年度工程建设国家标准制订、修订计划）的通知》（建标［2003］103号）的要求，进行了广泛的调查研究，总结了近十年来机械设备安装的实践经验，吸收了成熟的新技术和工艺，开展了多次专题讨论研究和走访咨询有关单位和专家，翻阅和参考了大量国内、外现行标准、文献和工程资料，在广泛征求全国有关单位和专家意见的基础上，从制定修订大纲、编写初稿到完成征求意见稿，发往全国有关单位和专家广泛征求意见的基础上，反复讨论、修改完善形成送审稿。并经过全国专家审查会审查通过，进一步修改完善形成报批稿，于2010年5月经审核获得中华人民共和国住房和城乡建设部的批准颁布，2010年12月1日实施，原《起重设备安装工程施工及验收规范》GB 50278—98同时废止。

## 二、本次修订的主要内容

原规范共计12章74条4个附录，1个附加说明和条文说明；修订后的规范为10章56条、2个附录和条文说明。其中对原规范修改了46条（包括分解和合并的条文），删除了28条，并新增了13条。

新规范根据《工程建设标准编写规定》：直接涉及人民生命财产安全、人身健康、环境保护、能源资源节约和其他公共利益的条款设为强制性条款，新规范中1.0.3、2.0.3、4.0.2条为强制性条文，必须严格执行。

（一）章节调整

依据《工程建设标准编写规定》，将由原规范的“一般规定”修订为本规范的“基本规定”；根据《起重机械分类》标准，将原规范5、6章合并为第5章“梁式起重机”；将原规范的电动葫芦双梁起重机、通用桥式起重机、冶金起重机合并入新规范“桥式起重机”章中；将原规范“壁上起重机和柱式悬臂起重机”章名改为“悬臂起重机”。

原规范“起重机轨道和车挡”一章，对有关轨道的安装偏差的条文较分散，层次感不强，需要使用者自行完成偏差的归类，且易造成漏项，使用起来不太方便。本次修订根据偏差的性质，将轨道的安装偏差分为平面位置偏差、跨度的允许偏差和立面位置偏差三大类，以方便使用，防止漏检。

原规范“试运转”为8条，其内容笼统，为使试运转的层次分明，便于使用，本次修订后“起重机的试运转”章节的内容分4节作规定，分为“起重机试运转的准备、起重机空载试运转、起重机静载试运转、起重机动载试运转”。

（二）新增内容

增加对起升用钢丝绳和链条的安装规定。钢丝绳和链条是起重机上重要的承载和易损部件，也是涉及人身、设备安全的重要部件，新增此规定，以确保其安全、可靠。

电动葫芦的小车是必须在现场安装的，本次修订新增相应的技术规定。

“梁式起重机”章中，增加了对起重机“同一横截面上小车轨道高低差”和“主梁水平弯曲”的检验项目；随着起重机发展增加了电动单梁起重机安装的具体技术要求。

对新增的电动葫芦门式起重机的跨度偏差、同一截面小车轨道高低差技术要求进行了规定。

（三）删除内容

删除了原规范冶金起重机中已淘汰的脱锭、揭盖、夹钳的技术规定；取消了电动葫芦中关于试验的条文要求；删除了“梁式起重机”车轮装配质量的技术规定，并删除了原规范附录三关于“起重机车轮水平偏斜的测量方法”的规定；试运转一章中取消了专用取物装置和稳定性试验的内容。

# 第三篇　规范条文释义

## 1　总则

本章规定了本规范应用的基本原则和注意事项，不涉及起重设备安装的具体内容和技术条件，共4条。删除了原规范的第1.0.3条和第1.0.5条管理性条文规定。

**【条文】1.0.1 为了提高起重设备安装工程的施工水平，促进技术的进步，确保工程质量和安全，提高经济效益，制定本规范。**

**【要点说明】**本条阐述了制定本规范的目的。目的是规定起重设备制造、安装施工和使用单位对起重设备安装工程的质量要求，确保工程质量，促进安装技术的进步而制定本规范。

**【条文】1.0.2 本规范适用于电动葫芦、梁式起重机、桥式起重机、门式起重机和悬臂起重机安装工程的施工及验收。**

**【要点说明】**本条规定了本规范适用范围。

本规范适用的范围与机型的关系，见表3-1。

**表3-1　本规范适用的范围与机型**

| 适用范围 | 适用机型 |
|---|---|
| 电动葫芦 | 钢丝绳电动葫芦 |
| | 环链电动葫芦 |
| 梁式起重机 | 手动单梁起重机 |
| | 手动双梁起重机 |
| | 手动悬挂起重机 |
| | 电动单梁起重机 |
| | 电动悬挂起重机 |

续表

| 适用范围 | 适用机型 |
| --- | --- |
| 桥式起重机 | 电动葫芦桥式起重机 |
| | 通用桥式起重机 |
| | 冶金起重机 |
| 门式起重机 | 电动葫芦门式起重机 |
| | 通用门式起重机 |
| 悬臂起重机 | 壁式悬臂起重机 |
| | 柱式悬臂起重机 |

**【条文】1.0.3 对大型、特殊、复杂的起重设备的吊装或在特殊、复杂环境下的起重设备的吊装，必须制订完善的吊装方案。当利用建筑结构作为吊装的重要承力点时，必须进行结构的承载核算，并经原设计单位书面同意。**

**【要点说明】**本条为安全类强制性条文，目的是确保起重设备安装工程的施工安全，防止事故的发生。起重设备的吊装过程是发生问题和事故较多的工序，大型、特殊、复杂的起重设备和特殊、复杂的环境对起重设备吊装的难易程度和安全性的影响极大，故强调必须制订完善的吊装方案，目的是防止事故的发生。而对大型、特殊、复杂的起重设备和特殊、复杂的环境判定，视被吊设备的构件尺寸、重量、结构形式、易损程度、施工环境和施工单位的施工经历、装备能力、惯用工艺、技术水平、人员素质等因素而定。同样的设备吊装，同样的施工环境，对头一次干的或不经常干的与经常干的判定结果肯定是不一样的。当利用建筑结构作为吊装的重要承力点时，必须进行结构的承载核算，并经原设计单位书面同意，其目的是为了防止事故的发生。

本条与原规范相比：因吊装环境是影响吊装难易程度及安全的重要因素，故在原规范第 1.0.4 条的基础上增加了环境因素；依据现行的有关规定，将“有关部门同意后方可利用”修订为“原设计单位书面同意”；依据《工程建设标准编写规定》，将本条修订为强制性条文（强制性条文应为直接涉及人民生命财产安全、人身健康、环境保护、能源资源节约和其他公共利益，且必须严格执行的条文）。

**【条文】1.0.4 起重设备安装工程施工及验收除应符合本规范外，尚应符合国家现行有关标准的规定。**

**【要点说明】**本条阐明了本规范与其他国家现行有关标准之间的关系。本规范为起重设备安装工程的专业性技术要求，不涉及机械设备安装工程的共同性技术要求。因此本规范是有局限性的，故在执行本规范时，还应同时执行国家现行有关标准的规定。

## 2 基本规定

本章规定了各类起重机安装的共性技术要求，既有定性的要求，也有定量的要求，共6条。增加对起升用钢丝绳和链条的安装规定。钢丝绳和链条是起重机上重要的承载和易损部件，也是涉及人身、设备安全的重要部件。

依据《工程建设标准编写规定》，将章名由原规范的“一般规定”修订为本规范的“基本规定”，并新增第2.0.3条和第2.0.6条。

**【条文】2.0.1 起重设备安装前，应按下列要求进行检查：**

**1. 随机技术文件应齐全。**

**2. 根据设备装箱清单检查设备、材料及附件，其型号、规格和数量均应符合工程设计和随机技术文件的要求，并应有相应的质量证明文件。**

**3. 设备应无变形、损伤和锈蚀，其中钢丝绳不得有锈蚀、损伤、弯折、打环、扭结、裂嘴和松散。**

**4. 起重机地面轨道基础、起重机梁和安装预埋件，应符合工程设计的规定。**

**5. 起重机与建筑物之间的安全距离应符合工程设计的要求。**

**【要点说明】**本条规定的是起重设备在安装前的检查内容。目的是检查起重设备的安装是否具备条件，尽早发现存在的问题，及时反映给有关方面处理解决，使安装工程能顺利地进行，避免停工或返工现象和影响工程质量。本条为确保安装工程能顺利地进行，规定了必要的检查项目及其要求。

本条与原规范相比：将原规范第2.0.1条的“设备技术文件”统一修订为“随机技术文件”；“出厂合格证和出厂试验记录”统一修订为“质量证明文件”；“机、电设备”统一修订为“设备”；“吊车梁”统一修订为“起重机梁”。起重机与建筑物之间的安全距离修订为“应符合工程设计的要求”。

随机技术文件是指随设备出厂的安装使用说明书、图纸、产品质量证明文件和装箱清单等文件的总称。

**【条文】2.0.2 现场装配联轴器时，其端面间隙、径向位移和轴向倾斜应符合随机技术文件的规定；无规定时，应符合现行国家标准《机械设备安装工程施工及验收通用规范》GB 50231 的有关规定。**

**【要点说明】**本条给出了现场装配的联轴器的调整依据。因联轴器的品种、规格很多，安装时的径向位移、轴向倾斜和端面间隙等也各不相同，故在安装联轴器时，随机技术文件有规定的首先应按其规定执行；如随机技术文件未规定时，应按现行国家标准《机械设备安装工程施工及验收通用规范》GB 50231 的规定执行。

**【条文】2.0.3 安装挠性提升构件时，必须符合下列规定：**

**1. 压板固定钢丝绳时，压板应无错位、无松动。**

**2. 楔块固定钢丝绳时，钢丝绳紧贴楔块的圆弧段应楔紧、无松动。**

**3. 钢丝绳在出、入导绳装置时，应无卡阻；放出的钢丝绳应无打旋、无碰触。**

**4. 吊钩在下限位置时，除固定绳尾的圈数外，卷筒上的钢**

**丝绳不应少于 2 圈。**

**5. 起升用钢丝绳应无编接接长的接头；当采用其他方法接长时，接头的连接强度不应小于钢丝绳破断拉力的 90%。**

**6. 起重链条经过链轮或导链架时应自由、无卡链和爬链。**

**【要点说明】**本条为新增内容，且定为强制性条文。

本条为安全类强制性条文，目的是防止断绳、断链及脱落事故的发生。钢丝绳和链条是起重机的重要承载构件，也是起重机上的易损件，其安装的质量直接影响起重机的使用安全，影响钢丝绳和链条的使用寿命，故必须严格要求，强制执行。

注意：钢丝绳开盘时，应沿着绳盘圆周的切线方向进行，以防止增加钢丝绳中的扭劲。

**【条文】2.0.4 制动器的调整应使其开闭灵活，制动应平稳、不得打滑。**

**【要点说明】**本条规定了起重机制动器应达到的制动效果，防止在起重机承受过大的惯性载荷和制动失效。起重机上制动器的定量调整难以做到，也无必要。因此，制动器调整的是否满足使用要求，主要是调整者或操作者凭借自身的经验去判定，通常做法是将起升机构的制动器调的偏紧一些，将运行机构的制动器调的偏松一些。但无论是起升机构的制动器，还是运行机构的制动器，都应“开闭灵活、制动应平稳，不得打滑”。制动器的其他要求应按现行国家标准《机械设备安装工程施工及验收通用规范》GB 50231 的规定执行。

注意：有一种形式的制动器，是带有松闸间隙自动补偿装置的（见图 3-1）。在制动臂上装有一个哑铃形的滚子 4［见图 3-1（*b*）］，是自动补偿间隙用的。在供货时，为了防止滚子 4 的丢失，而将其装入塑料袋内，并捆扎在制动臂上，需在调整制动器时装入。如果漏装了，则将失去间隙自动补偿的功能，请大家千万注意。

工作原理：支架上用铰链 5 连接着一个摆动的锁片 2，滚子 4 可以在锁片 2 的槽中移动。当制动衬料磨损后，在上闸时制动臂1将锁片2拉向制动轮（铰点5处有弹簧垫圈所产生的摩擦防止锁片2自动向制动轮移动）。这时滚子4在自重作用下落下，保持紧贴支架斜面的位置。斜面的斜角很小，具有自锁性能，使锁片不能向外退回。这样就限制了制动瓦块销轴3的行程，从而保证松闸间隙总是$\delta$。

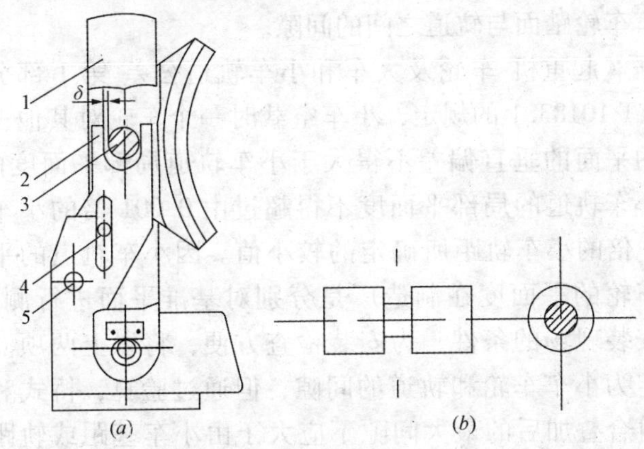


图3-1　松闸间隙自动补偿装置

1—制动臂；2—锁片；3—制动瓦块销轴；4—滚子；5—铰链

**【条文】2.0.5 桥式和门式起重机空载时，小车车轮踏面与轨道面之间的最大间隙，不应大于由小车基距和小车轨距所确定的较小值的0.00167倍（图2.0.5）。**

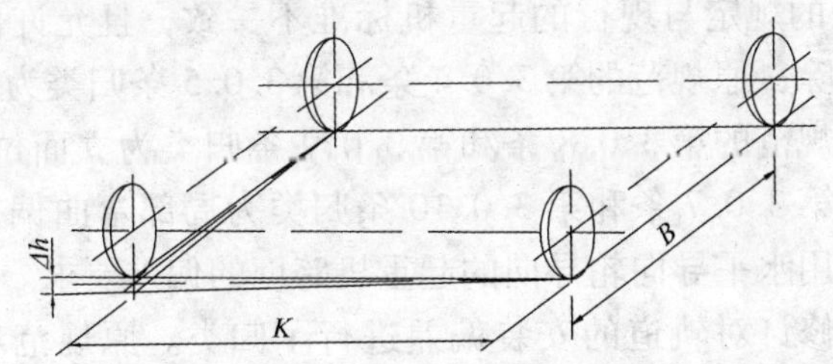


图2.0.5　桥式和门式起重机小车车轮与轨道面之间的间隙

$\Delta h$—车轮踏面与轨道之间的间隙；$K$—小车的轨距或轮距；

$B$—小车的基距或轴距

【要点说明】本条的目的是控制好小车车轮踏面与轨道之间的间隙，防止小车三条腿运行。虽然小车车轮踏面与轨道之间的间隙在起重机出厂前已合格，但在起重机的运输、储存和装卸等过程中，极有可能使主梁产生变形，而偏离出厂状态，甚至超差，故在起重机装配完成后，应在小车轨道的全长上再次检验小车车轮踏面与轨道之间的间隙。

根据《起重机 车轮及大车和小车轨道公差 第1部分；总则》GB/T 10183.1 的规定，小车空载时一个车轮对其他三个车轮形成的平面的垂直偏差不得大于小车轨道局部平面度的2/3倍，而小车轨道的局部平面度不得超过由0.001倍的小车基距或0.001倍的小车轨距所确定的较小值。因小车轨道的平面度和小车车轮的平面度在制造厂是分别对基准平面进行测量的，考虑到安装现场的条件，为安装检查方便，将以上两项测量叠加，规定为小车车轮和轨道的间隙，但通过验算，桥式和门式起重机符合叠加后的最大间隙不应大于由小车基距或轨距所确定的较小值的0.00167倍的要求。

## 3 起重机轨道和车挡

本章规定了起重机的大车轨道和大车车挡（端部止挡）安装的基本要求。

原规范第3.0.1条的内容与章名重复，故删除；原规范第3.0.17条的规定与现行的起重机标准不一致，且允许偏差也太大，故删除；原规范的第3.0.4条和第3.0.5条归类为平面位置偏差；原规范的第3.0.8条和第3.0.9条归类为立面位置偏差；原规范的第3.0.7条和第3.0.10条归类为局部弯曲偏差；增加了单端采用水平导向轮导向的起重机跨度的偏差要求。

本次修订对轨道的安装偏差进行了归类。原规范对有关轨道的安装偏差的条文较分散，层次感不强，需要使用者自行完成偏差的归类，且易造成漏项，使用起来不太方便。根据偏差的性质，本次修订将轨道的安装偏差归为平面位置偏差、跨度的允许偏差和立面位置偏差三大类，以方便使用，防止漏检。

【条文】**3.0.1 钢轨敷设前，应对钢轨的端面、直线度和扭曲进行检查，并应符合国家现行有关标准的规定。**

【要点说明】本条的目的是使钢轨满足轨道安装的要求，避免返工。在钢轨的生产过程中，截头处经常有毛病不能满足安装的要求；运输和存放中也常发生变形，所以规定钢轨敷设前应对钢轨的端面、直线度和扭曲进行检查，符合要求的方能敷设。不符合要求可在现场校正后使用，现场无法校正的则应更换或截除不合格部分后使用。

建议：钢轨安装前的校正，以轨道的安装偏差为准，这样可减少轨道安装时的调整工作量，提高安装的效率，特别是对架空轨道的安装尤其必要。

【条文】**3.0.2 敷设钢轨前，应确定轨道的安装基准线，轨道的安装基准线应为起重机梁的定位轴线。**

【要点说明】本条用于确定轨道安装基准线在平面内的位置。将轨道的安装基准线选择在起重机梁的定位轴线上，是为了防止起重机梁和轨道的安装偏差过大，确保牛腿的传力点在许可的范围内，避免给起重机梁的支承系统带来不利的影响而降低承载能力。

本条与原规范相比：将原规范严格程度用词，由“宜”修订为“应”，提高了严格程度。

【条文】**3.0.3 轨道的平面位置偏差应符合下列规定：**

**1. 轨道中心线与起重机梁中心线的位置偏差，不应大于起重机梁腹板厚度的一半（图 3.0.3），且不应大于10mm。**

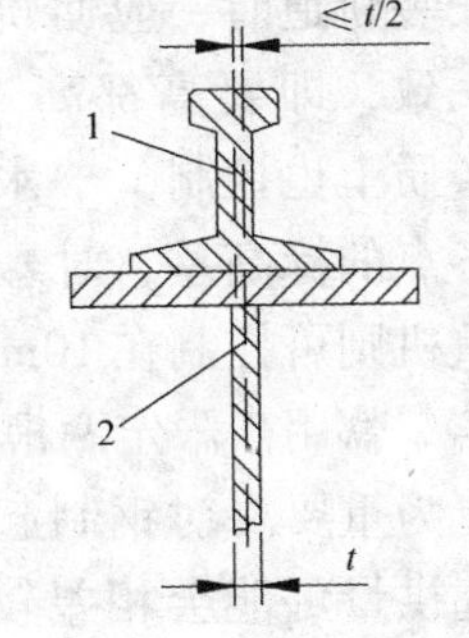

图 3.0.3 轨道中心线与起重机梁中心线的位置偏差
1—轨道中心线；2—起重机梁中心线；
t—起重机梁腹板的厚度

**2. 轨道中心线与安装基准线的水平位置偏差，悬挂起重机不应**

**大于 3mm，其他起重机不应大于 5mm。**

【要点说明】控制轨道中心线与起重机梁中心线的偏差，是为了防止在起重机梁上产生过大的扭矩，降低起重机梁的承载能力，条文中 10mm 为最大极限值，即无论钢起重机梁和混凝土起重机梁，均不应超过 10mm，对钢起重机梁还不应超过腹板厚度的一半；控制轨道中心线与安装基准线的偏差，是为了控制轨道在全长上的直线度。

因原规范的第 3.0.4 条和第 3.0.5 条规定的都是平面内的，故合为一条。

**【条文】3.0.4 轨道的立面位置偏差应符合下列规定：**

**1. 轨道顶面标高与其设计标高的位置偏差，悬挂起重机不应大于 5mm，其他起重机不应大于 10mm。**

**2. 同一截面内两平行轨道标高的相对差，悬挂起重机不应大于 5mm，其他起重机不应大于 10mm。**

【要点说明】本条用于确定轨道的安装高度。可以利用轨道顶面标高与其设计标高的位置偏差，依据起重机梁顶面标高的实测数据、灌浆层或找平层的厚度调整轨道的安装高度，以减少起重机梁的返工量。

安装轨道时，应使轨道顶面的实际位置对设计位置的偏差方向一致，即要高都高，要低都低，而不能有高有低。这样，本条实质上也控制了“水平段”轨道在全长上的直线度。轨道顶面各点的标高差，对悬挂起重机则可控制在 5mm 之内，对其他起重机则可控制在 10mm 之内。

第 2 款用于限定两根轨道的相互关系，特别是对“曲线段”轨道更为重要。对钢制起重机梁而言，轨道两边相对应的两根梁的起拱量可能会相差较大，且梁的长度越长，这个差值可能会越大。因为轨道沿长度方向上在立面内的形状可能是水平的，也可能是上拱的曲线，而并非只有水平的一种形态，如钢制起重机梁通常都要起拱，在现行国家标准《钢结构工程施工质量验收规范》GB 50205 中规定“不大于 10mm”；在《钢结构设计手册》中要求“当跨度≥24m 的大跨度吊车梁或吊车桁架，宜要求制作时按跨度的1/1000 起拱”。

因原规范的第3.0.8 条和第3.0.9 条规定的都是立面内的，故本次修订合为一条。

**【条文】3.0.5 轨道沿长度方向上，在平面内的弯曲，每2m 检测长度上的偏差不应大于1mm；在立面内的弯曲，每2m 检测长度上的偏差不应大于2mm。**

**【要点说明】**本条用于控制轨道的局部弯曲，但在立面内的局部弯曲不适用钢起重机梁上的轨道。2m 是规定的检测长度，应使用2m 长的检具进行检测，但不可折算。

为了使轨道的安装符合规范第3.0.4 条和第3.0.5 条规定，减少轨道的检测工作量，在确定“水平”段轨道安装的标高参考点时，应使相邻两参考点的标高差小于等于2mm，相邻两参考点之间的间距控制在2m 左右（按起重机梁的长度平均分配），这样既可将轨道局部弯曲控制在2mm 之内，也可将总体直线度控制在规定的范围内。对“曲线段”轨道还应检查梁的上拱度是否在允许的范围之内，否则应要求对梁进行调整。

为了使轨道的安装符合第3.0.3 条和第3.0.5 条规定，减少轨道的检测工作量，应使轨道中心线在标高参考点处偏离安装基准线水平位置的量小于等于1mm，且偏差方向应一致。这样既可将轨道局部弯曲控制在1mm 之内，也可将总体直线度控制在规定的范围内。

本条是将原规范的第3.0.7 条和第3.0.10 条修订后合并的。

**【条文】3.0.6 起重机轨道跨度的允许偏差应符合下列规定：**

**1. 当轨道的跨度小于等于10m 时，其允许偏差为±3mm。**

**2. 当轨道的跨度大于10m 时，其允许偏差应按下式计算，且最大值为±15mm。**

$$\Delta S = \pm [3 + 0.25 (S - 10)]$$

**式中 $\Delta S$——起重机轨道的跨度偏差（mm）；**

*S*——起重机轨道的跨度（m）。

**3. 当仅在一条轨道上采用水平导向轮时，轨道的跨度允许偏差可为本条第1款或第2款允许偏差的3倍，但最大值为±25mm；且车轮的踏面应覆盖轨道顶面的全宽。**

【要点说明】本条用于控制轨道的跨度偏差。敷设轨道前，应核对起重机的跨度，使两者的跨度尽量一致，否则将严重地影响起重机的运行，发生卡轨或严重磨损现象，这点对单端采用水平导向轮导向的起重机（此类起重机的跨度偏差较大）更加重要。但对于多台起重机共用的轨道则应综合考虑，确保轨道的跨度能适应每一台起重机。

本条与原规范相比：在原规范第3.0.6条的基础上，增加了第3款。因单端采用水平导向轮导向的起重机跨度制造的允许偏差较大，原规范的规定不能满足其要求，故增加第3款与之相配用，对其他的起重机则不适用。

【条文】**3.0.7 两平行轨道的接头位置沿轨道纵向应相互错开，其错开的距离不应等于起重机前后车轮的轮距。**

【要点说明】本条的实质就是，使起重机在轨道全长的任何位置处，只能有一个车轮压在轨道的接头上。目的是在最大程度上减小车轮与轨道的相互冲击及避免多个车轮同时处在钢轨的危险截面上。

【条文】**3.0.8 轨道接头应符合下列规定：**

**1. 接头采用焊接连接时，焊缝质量应符合国家现行有关标准的规定；接头顶面及侧面焊缝处应打磨光滑、平整。**

**2. 接头采用鱼尾板连接时，轨道接头高低差及侧向错位不应大于1mm，间隙不应大于2mm。**

**3. 伸缩缝处的预留间隙应符合工程设计的规定。**

**4. 用垫板支承的方钢轨道，接头处沿轨道纵向的垫板宽度应为其他垫板宽度的2倍。**

【要点说明】本条规定了起重机轨道连接接头的基本要求。钢轨的连接除伸缩缝处外，均应采用焊接长轨方案，这是确保起重机平稳运行、减少轨道接头冲击、延长起重机使用寿命的有效措施。建议首选成本最低、方便灵活的手工电弧设备施焊，这种设备应用广泛，操控简单，稳定可靠。在钢轨的实际焊接中，焊条有采用E5015或E5016的，有采用E7515或E7516的，有采用E8515或E8516的，也有采用其他焊条的，但本规范要求按工程设计的规定执行。

注意：由于钢轨的含碳量较高，可焊性很差，易导致裂纹及熔合不良；接头形状复杂，厚薄不均匀，导致操作困难；接头数量少，不经常焊接，导致熟手难寻等，是轨道的安装施工单位不得不面对的现实。

本条与原规范相比：修订了原规范第3.0.12条的焊接接头的焊缝质量要求。将原规范的“焊条应符合钢轨道母材的要求，焊接质量应符合电熔焊的有关规定”修订为“焊缝质量应符合国家现行标准的有关规定”。

**【条文】3.0.9 门式起重机同一支腿下两根轨道之间的距离偏差不应大于2mm，其相对标高差不应大于1mm。**

**【要点说明】**本条规定了每边有两根轨道的起重机轨道的特殊要求。这种轨道的布置形式如图3-2所示，同一支腿下两根轨道指的是跨度左端的（或右端的）两根轨道，其他要求同前。

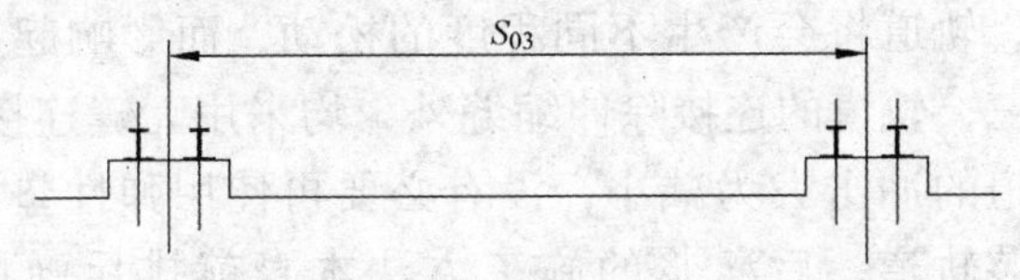


图3-2 门式起重机轨道检测

$S_{03}$——轨道跨度的实测值

**【条文】3.0.10 混凝土起重机梁与轨道之间的混凝土灌浆层或找平层，应符合工程设计的规定。**

**【要点说明】**为保证混凝土灌浆层或找平层有足够的厚度，

又不至于产生过大的工作量，建议把灌浆层的间隙和找平层的厚度控制在 30 ~ 50mm 为宜。

注意：采用先安装轨道后灌浆的施工方法，这样可以确保轨道的支承为连续支承的形式，使起重机梁同轨道成为一体，对梁的受力及轨道的固定有利。先做找平层后安装轨道的施工方法，则不具有上述优点，且找平层的表面质量直接影响轨道的安装。

**【条文】3.0.11 用弹性垫板作钢轨下垫层时，弹性垫板的规格和材质应符合工程设计的规定；拧紧螺栓前，轨道应与弹性垫板贴紧；当有间隙时，应在弹性垫板下加垫板垫实，垫板的长度和宽度均应大于弹性垫板 10 ~ 20mm。**

**【要点说明】**本条规定了弹性垫板安装的基本要求。在工程设计中一般都会指定弹性垫板的材料、规格及安装要求。

轨道安装前，应争取说服设计方或使用方取消弹性垫板。依据一，由于弹性垫板安装的特殊要求，只能采用先做找平层后安装轨道的施工方法，使轨道的支承成为间断支承的形式，且轨道与梁的间隙又较小，不能保证受载后轨道与梁不接触，弹性垫板的作用不明显。依据二，由于弹性垫板的压缩量不易控制，对轨道的固定不利，这时既要保证压缩量，又要保证轨道的标高，调整时比较烦琐，且不易保证安装质量，当使用一段时间后，轨道将会产生不同程度的松动，而影响起重机的运行。依据三，轨道的连接除伸缩缝外，均采用无缝连接的形式，车轮对轨道的冲击大为减小，没有必要再使用弹性垫板。依据四，先安装轨道、后灌浆的施工方法本身就排斥弹性垫板的安装。

**【条文】3.0.12 在钢起重机梁上敷设钢轨时，钢轨底面应与钢起重机梁顶面贴紧。当有间隙、且其长度超过 200mm 时，应加垫板垫实，垫板长度不应小于 100mm，宽度应大于轨道底面 10 ~ 20mm；每组垫板不应超过 3 层，垫好后应与钢起重机梁焊接固定。**

【要点说明】本条规定了轨道在钢制起重机梁上安装的特有要求。由于现行国家标准《钢结构工程施工质量验收规范》GB 50205 规定，起重机梁上拱的值可达 10mm，这样可使钢轨底面与钢起重机轨道梁顶面的间隙，从梁中至梁端会越来越大，因此“当有间隙、且其长度超过 200mm 时”，应判定此间隙是由梁的上拱引起的，还是由梁的质量引起的。如果是由梁的上拱引起的间隙，应采用调校轨道的方法消除间隙，而不能加垫板，否则梁就失去了上拱的作用；如果是由梁的质量引起的间隙，则可加垫板，或对梁进行处理。

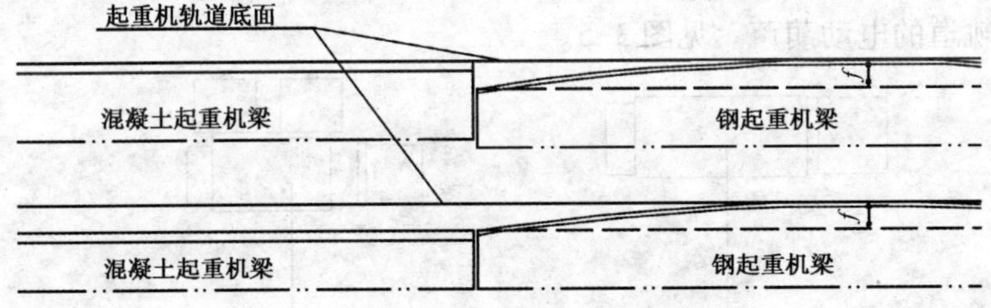


图 3-3　钢起重机梁上拱示意图

**表 3-2　钢制起重机梁上拱度的有关规定**

| 规定出处 | 规定内容 |
| --- | --- |
| 《钢结构工程施工质量验收规范》GB 50205 | 钢吊车梁上拱度的安装允许偏差不大于 10mm |
| 《钢结构设计手册》 | 当跨度≥24m 的大跨度吊车梁或吊车桁架，宜要求制作时按跨度的 1/1000 起拱 |

**【条文】3.0.13 轨道经调整符合要求后，应紧固螺栓。**

【要点说明】本条的规定是一种防范措施。逐个将螺栓紧固一遍，防止个别螺栓紧固不到位或漏紧，而造成轨道固定不良。

**【条文】3.0.14 轨道两端的车挡，应在吊装起重机前安装好，同一跨端轨道上的车挡与起重机的缓冲器均应接触良好。**

【要点说明】本条的规定需经多次碰触试验后才能确认，若存在接触不良时，可在车挡上加装缓冲垫调整。

## 4 电动葫芦

首先介绍电动葫芦的型式、基本参数和出厂检验的内容。

### 一、钢丝绳电动葫芦

（一）钢丝绳电动葫芦的型式

（1）固定式：无运行机构，固定使用的电动葫芦，见图3-4。

（2）单轨小车式：具有运行机构，以单轨下翼缘作为运行轨道的电动葫芦。见图3-5。

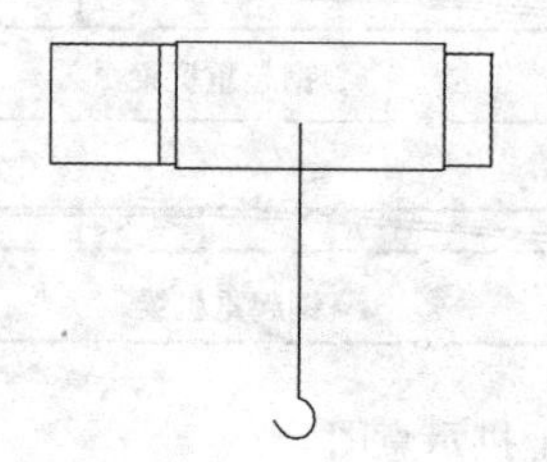

图3-4 固定式电动葫芦

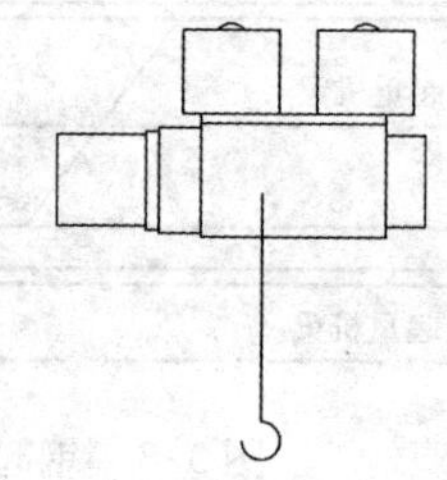

图3-5 单轨小车式电动葫芦

（3）双梁小车式：由一台固定式电动葫芦和一台双轨型电动小车架组成。电动小车架沿双主梁桥架上的两条轨道运行，见图3-6。

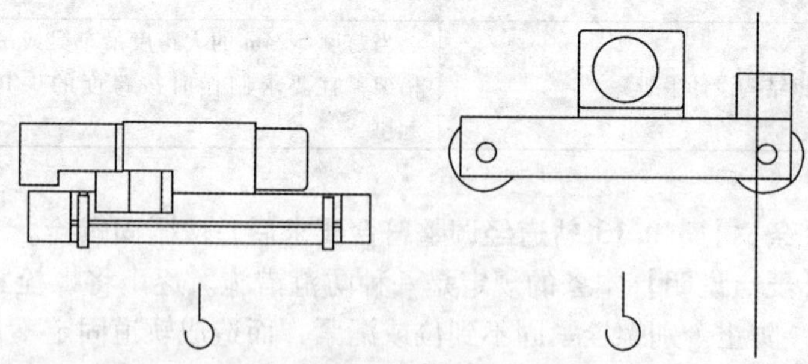

图3-6 双梁小车式电动葫芦

（4）单主梁角形小车式：由一台固定式电动葫芦和一台角形电动小车架组成。电动小车架沿单主梁桥架上的两条轨道运行，见图3-7。

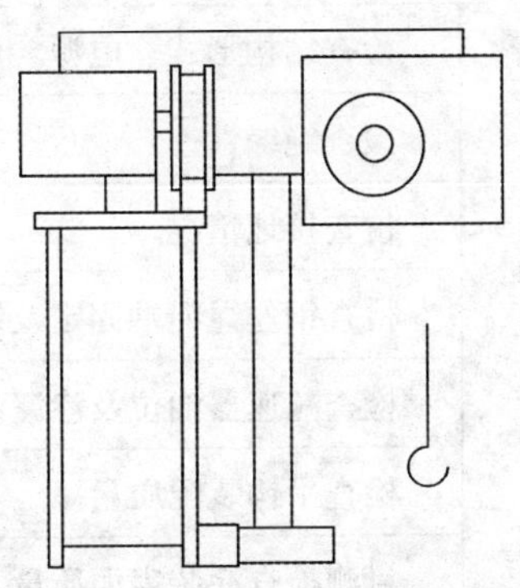

图3-7　单主梁角形小车式电动葫芦

（二）钢丝绳电动葫芦基本参数（表3-3、表3-4）

**表3-3　额定起重量系列（t）**

| | | | | | | | | | |
|---|---|---|---|---|---|---|---|---|---|
| 0.1 | 0.125 | 0.16 | 0.2 | 0.25 | 0.32 | 0.4 | 0.5 | 0.63 | 0.8 |
| 1 | 1.25 | 1.6 | 2 | 2.5 | 3.2 | 4 | 5 | 6.3 | 8 |
| 10 | 12.5 | 16 | 20 | 25 | 32 | 40 | 50 | 63 | 80 |
| 100 | — | — | — | — | — | — | — | — | — |

**表3-4　起升高度系列（m）**

| | | | | | | | | | |
|---|---|---|---|---|---|---|---|---|---|
| — | — | — | 3.20 | 4 | 5 | 6.30 | 8 | 10 | 12.5 |
| 16 | 20 | 25 | 32 | 40 | 50 | 63 | 80 | 100 | 125 |

（三）钢丝绳电动葫芦检验（表3-5）

表 3-5 钢丝绳电动葫芦出厂检验内容

| 检验项目 | 检 验 内 容 |
| --- | --- |
| 一般性检验 | 检查结构形式、电源、产品规格型号 |
| | 检查绝缘性 |
| | 检查接地情况 |
| | 检查钢丝绳绳端固定及缠绕 |
| | 检查减速器油位及渗漏油 |
| | 检查吊钩装配质量 |
| | 目测检查涂装表面质量 |
| | 检查电器装置固定及布线 |
| 空载试验 | 记录每相电压和电流 |
| | 检查限位功能 |
| | 检查导绳器的装配质量 |
| 额定载荷试验 | 降压试验和升压试验 |
| | 测定制动下滑量 |
| | 测定起升速度 |
| | 测定起升机构噪声 |
| | 记录电流、电压 |
| 动载试验 | 验证起重机各机构和制动器的功能 |
| 超载限制器功能试验 | 验证超载限制器的功能 |
| 安全制动器试验 | 验证安全制动器的功能 |

## 二、环链电动葫芦

（一）环链电动葫芦的型式

（1）固定式：无运行机构，固定使用的环链葫芦。共有悬挂和支承两种型式，见图3-8、图3-9。

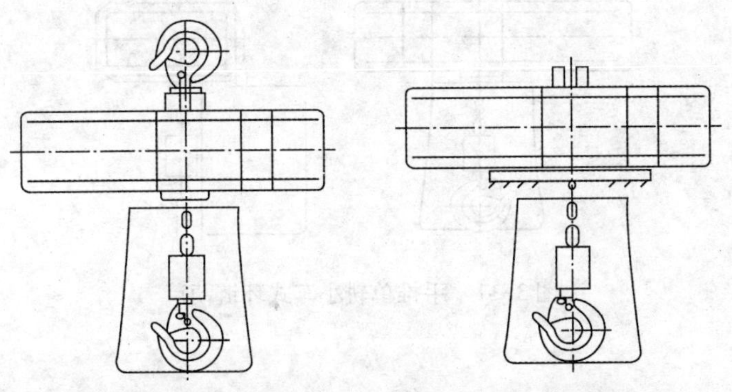

图3-8　悬挂式环链葫芦　　　　图3-9　支承式环链葫芦

（2）单轨小车式：有单轨道运行机构的环链葫芦，见图3-10～图3-12。轨道可以是工字钢、柔性组合梁等多种型式。

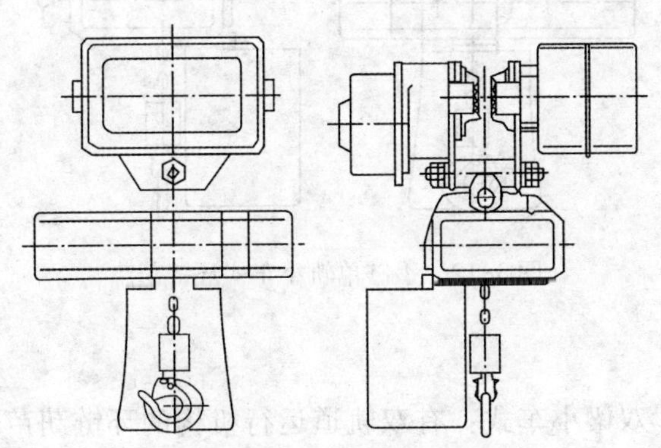

图3-10　电动单轨小车式环链葫芦

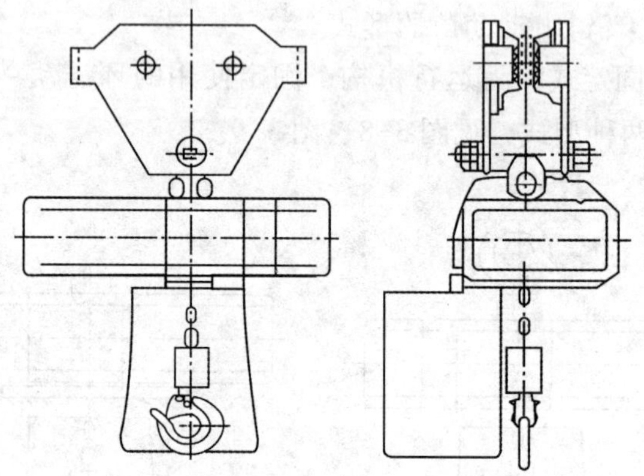

图 3-11　手推单轨小车式环链葫芦

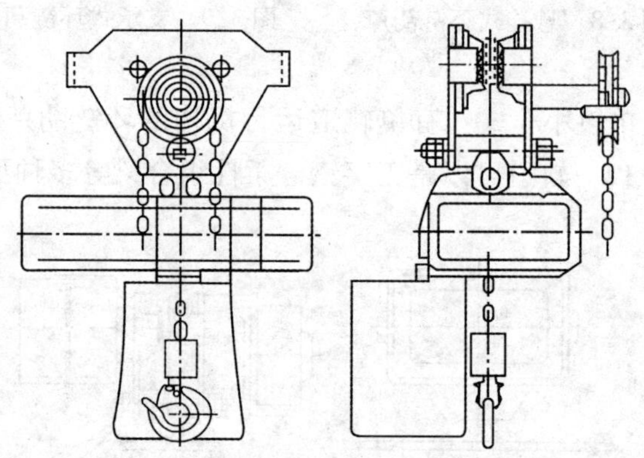

图 3-12　手链单轨小车式环链葫芦

（3）双梁小车式：有双轨道运行机构的环链葫芦。轨道可以是工字钢、柔性组合梁等多种型式，葫芦共有支承型和悬挂型两种型式，见图 3-13、图 3-14。

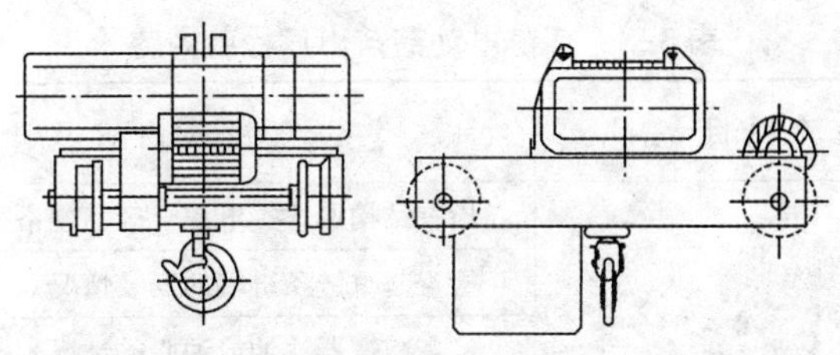

图 3-13　支承型环链葫芦

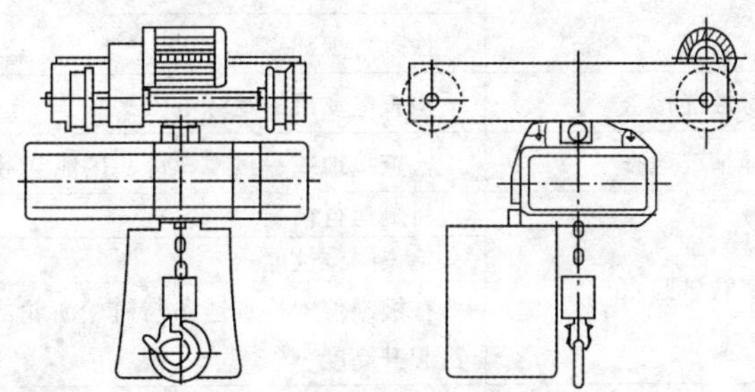

图 3-14　悬挂型环链葫芦

## （二）环链电动葫芦的基本参数（表 3-6、表 3-7）

**表 3-6　额定起重量系列（t）**

| | | | | | | | | |
|---|---|---|---|---|---|---|---|---|
| 0.08 | 0.1 | 0.125 | 0.16 | 0.2 | 0.25 | 0.32 | 0.4 | 0.5 |
| 0.63 | 0.8 | 1 | 1.25 | 1.6 | 2 | 2.5 | 3.2 | 4 |
| 5 | 6.3 | 8 | 10 | 12.5 | 16 | 20 | 25 | 32 |

**表 3-7　起升高度系列（m）**

| | | | | | | | |
|---|---|---|---|---|---|---|---|
| 1 | 1.25 | 1.6 | 2.0 | 2.5 | 3.2 | 4 | 5 |
| 6.3 | 8 | 10 | 12.5 | 16 | 20 | 25 | 32 |
| 40 | 50 | 63 | 80 | 100 | 125 | — | — |

## （三）环链电动葫芦的出厂检验（表 3-8）

表3-8　环链电动葫芦出厂检验内容

| 检验项目 | 检验内容 |
|---|---|
| 一般性检查 | 检查结构形式、电源、产品规格型号 |
| | 检查起重链条链端的安装情况 |
| | 检查减速器注油或油脂的情况 |
| | 检查吊钩的装配 |
| | 检查外观涂装质量 |
| | 检查各项标志 |
| 绝缘性能检查 | 检查电动机的绝缘电阻 |
| 接地情况检查 | 检查接地线、接地螺钉、接地电阻 |
| 空载试验 | 目测运行情况 |
| | 检查限位性能 |
| | 在极限位置检查链条与链轮游轮的啮合，测量起升高度 |
| 降压试验 | 检查电机在额定载荷下的降压启动能力 |
| 制动下滑量的测定 | 检查制动器在额定载荷下的制动能力 |
| 限载性能试验 | 检查安全离合器的功能 |

以上说明电动葫芦的安装较为简单，共性的安装要求在本篇第2部分已经规定，故在第4部分中仅规定了两条个性的安装要求。

因原规范第4.0.3条和第4.0.4条的规定与现行的电动葫芦标准不一致，故删除；新增的第4.0.2条，是对电动葫芦运行小车提出安装要求，并定为强制性条文。

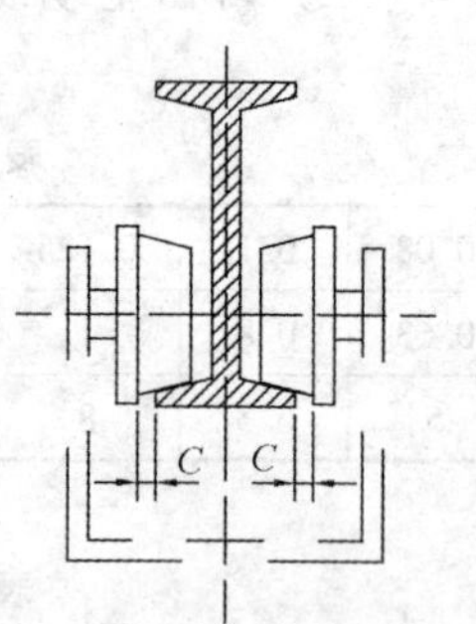


图4.0.1　车轮轮缘内侧与工字钢轨道下翼缘边缘的间隙

$C$—车轮轮缘内侧与工字钢轨道下翼缘边缘的间隙

**【条文】4.0.1 电动葫芦车轮轮缘内侧与工字钢轨道下翼缘边缘的间隙（图4.0.1），应为3～5mm。**

【要点说明】因电动葫芦小车为单边驱动的型式，运行时小车有旋转的趋势，间隙太小容易卡轨影响运行，太大则使小车摇摆加剧同样不利于运行，认为控制在3～5mm之间较为合适。

注意：间隙$C$不是总间隙，总间隙为$C$的2倍。

【条文】**4.0.2 连接运行小车两墙板的螺柱上的螺母必须拧紧，螺母的锁件必须装配正确。**

【要点说明】本条为新增内容，且定为强制性条文。

本条为安全类强制性条文，目的是防止小车发生脱落事故。电动葫芦运行小车为上开口的悬挂结构（见图3-15），螺柱上的调整垫和套管即是墙板的定位零件，也是电动葫芦的承载零件，压紧后与螺柱共同承载着电动葫芦和载荷的总重，螺母未拧紧，螺母的锁件装配不正确或遗漏均可能引发葫芦脱落事故，故必须严格要求，强制执行。

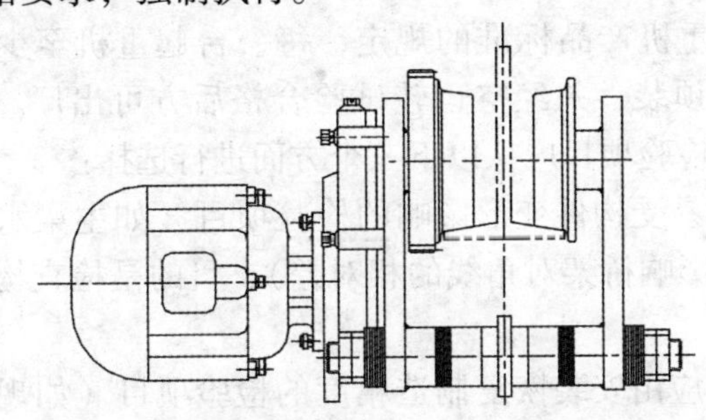

图3-15 常见的电动葫芦运行小车示意图

## 5 梁式起重机

本章修订的共同性内容及需要解释的内容集中说明如下：

1. 将原规范起重机的复查表和检查表，统一修订为起重机的检验表。这样，无论是复查，还是检查均可使用。

2. 在现行国家标准《起重机设计规范》GB/T 3811 和新版的起重机产品标准中，已不将起重机预制的主梁上拱度和悬臂上翘度作为硬性指标，而由起重机的制造厂自行确定。因无统一的限定值，故在起重机的检验表中不再规定主梁上拱度和悬臂上翘度的检验，而是要求按随机技术文件的规定去执行。

3. 删除了有关起重机车轮装配质量的检验。依据现行的起重机产品标准规定，起重机车轮的装配质量由制造厂保证，且在出厂至安装的过程中发生变化的可能很小，安装施工时不必再重复检验。更重要的是，大多数桥式起重机是在室内使用的，由于厂房内部空间的限制，已较少采用先在地面组装成整机，再吊装到轨道上的方法进行安装，大都采用在轨道上进行空中组装的方法，完成起重机的安装。对装在轨道上的起重机，因两端的空间狭小，无法按规定的检验方法检验车轮的装配质量是否发生了变化，原规范对车轮的检验项目已失去了意义，且安装的实践证明，不检测车轮的装配质量，完全可满足起重机的使用性能，修订时不再要求对车轮的装配质量进行检验。

4. 检验项目选择的前提及原则

按照起重机产品标准的规定，每一台起重机至少应完成小车和大车的预装，并经空运转试验合格后方可出厂。据此，起重机的安装检验项目应从以下三个方面进行选择：

a. 选择易受构件变形影响的检验项目（如主梁水平弯曲的变化将直接影响桥架对角线的相对差），目的是检查构件变形的影响程度。

b. 选择应由安装恢复制造精度的检验项目（如现场拼装桥架的几何尺寸），目的是检查安装恢复制造精度的程度。

c. 选择必须控制的检验项目（如起重机的跨度），目的是验证起重机是否符合工程设计的要求。

5. 本规范规定的检验项目，是与安装有关的、能验证起重机安装质量的必要的检验项目。本规范未规定的与安装有关的其他检验项目，应按随机技术文件的规定执行。

6. 当起重机结构件的变形超差时，应查明原因，按施工程序处理。

7. 桥架型起重机主梁的结构形式。

葫芦式起重机主梁的结构形式主要有：

a. 工字截面主梁；

b. 型钢组合主梁；

c. 组合主梁；

d. 箱形主梁 。

通用起重机主梁的结构形式主要有：

a. 箱形结构，包括偏轨箱形、空腹箱形、箱形单主梁等结构；

b. 桁架式结构，包括空腹桁架、四桁架、三角桁架、管桁架等结构形式。

箱形主梁按轨道的布置可分为正轨箱形梁、偏轨箱形梁和半偏轨箱形梁，如图 3-16 所示。

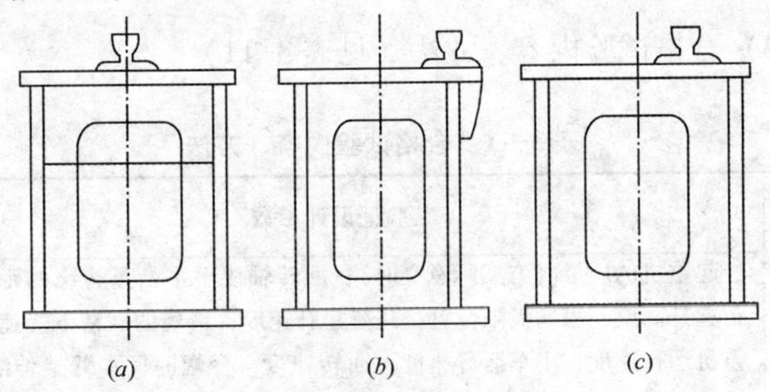


图 3-16 箱形主梁的几种形式

(a) 正轨箱形梁；(b) 偏轨箱形梁；(c) 半偏轨箱形梁；

8. 起重机产品的试验和检验

起重机产品的试验和检验项目见表 3-9。

**表 3-9 起重机产品的试验和检验项目**

<table>
<tr><td rowspan="5">试验种类</td><td colspan="2">目测检查</td><td>每台均进行</td></tr>
<tr><td colspan="2">合格试验</td><td>型式检验时进行</td></tr>
<tr><td rowspan="3">载荷起升能力试验</td><td>静载试验</td><td rowspan="2">型式检验时和投入使用前进行</td></tr>
<tr><td>动载试验</td></tr>
<tr><td>稳定性试验</td><td>型式检验时和需要时进行</td></tr>
<tr><td rowspan="2">检验规则</td><td colspan="2">出厂检验</td><td>每台均进行</td></tr>
<tr><td colspan="2">型式检验</td><td>必要时进行</td></tr>
</table>

（1）目测检查内容和方法（见表3-10）

**表3-10　目测检查内容和方法**

| 目的 | 检查所有重要部分的规格和（或）状态是否符合要求 |
|---|---|
| 内容 | 各机构，电气设备，安全装置，制动器，控制器，照明和信号系统；起重机金属结构及其连接件、梯子、通道、司机室和走台；所有的防护装置；吊钩或其他取物装置及其连接件；钢丝绳及其固定件；滑轮组及其轴和紧固零件，臂架的杆件；其他重要部分 |
| 方法 | 检查时，不必拆开任何部件，但应打开在正常维护和检查时应打开的盖子，如限位开关盖 |
| 其他 | 目测检查还包括检查全部必备的证书是否已提出并经过审核 |

（2）合格试验内容、方法（见表3-11）

**表3-11　合格试验内容、方法**

| 目的 | 验证设计参数 |
|---|---|
| 内容 | 起重机的质量（有实际意义时）；回转轴线至平衡重边缘的距离；载荷起升高度；吊钩极限位置；载荷起升速度；精确的载荷下降速度；起重机运行速度；小车运行速度；回转速度；变幅时间；臂架伸缩时间；工作循环时间（必要时）；限位器可靠性；驱动装置的性能，例如在试验载荷状态下电动机的电流 |
| 方法 | 根据起重机的载荷特性进行 |

（3）载荷起升能力试验（见表3-12）

**表3-12　载荷起升能力试验**

| 试　验 | 目　的 |
|---|---|
| 静载试验 | 检验起重机及其各部分的结构承载能力 |
| 动载试验 | 主要是验证起重机各机构和制动器的功能 |
| 稳定性试验 | 检验起重机的抗倾覆稳定性 |

本章规定了在安装梁式起重机时，必要的检验项目及技术要求。按照本规范对起重机的重新分类，将原规范的手动单梁起重机、手动双梁起重机、手动单梁悬挂起重机、电动单梁起重机、电动单梁悬挂起重机归入本章；并依据现行的起重机标准，对检验项目及技术要求进行了修订。

**【条文】5.0.1 手动单梁起重机的检验应符合表 5.0.1 的规定。**

**表 5.0.1　手动单梁起重机的检验**

| 检　验　项　目 | | 允许偏差（mm） | 简　　图 |
|---|---|---|---|
| 起重机跨度 $S$ | $S \leqslant 10.5$m | ±5 | 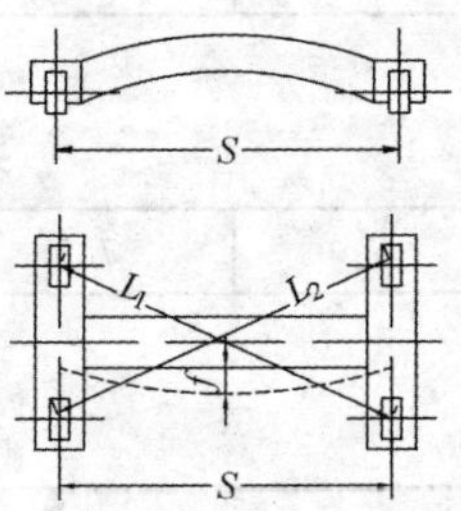 |
| | $S > 10.5$m | ±［5 + 0.25（$S$ − 10）］ | |
| 对角线的相对差 $\lvert L_1 - L_2 \rvert$ | | 5 | |
| 主梁水平弯曲 $f$ | | $S$/2000 | |

**【要点说明】**手动单梁起重机，大多是整体出厂。该设备在运输保管过程中容易产生变形，同时为了敷设起重机轨道，或核对起重机跨度和轨道跨度是否一致等，故规定起重机吊装前应检验跨度、对角线的相对差等。目的是了解设备的有关数据是否在允许的范围内以避免造成返工损失；另一方面摸清设备在吊装前的原有状态，做到吊装工作心中有数，便于鉴别是否有安装变形。

手动单梁起重机的结构形式如图 3-17 所示。

手动单梁起重机的基本参数如表 3-13 ~ 表 3-15 所示。

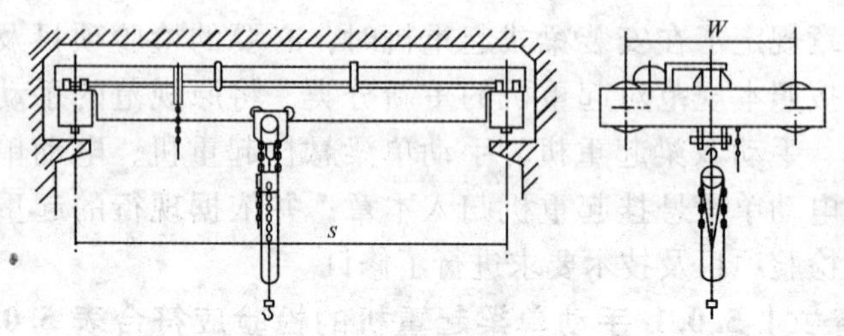


图 3-17　手动单梁起重机的结构形式图

*S*—跨度；*W*—大车基距

**表 3-13　额定起重量系列（t）**

| 1 | 2 | 3.2 | 5 | 10 |
|---|---|---|---|---|

**表 3-14　跨度系列（m）**

| 6 | 7.5 | 9 | 10.5 | 13.5 |
|---|---|---|---|---|

**表 3-15　起升高度系列**

| 起重量（t） | 起升高度（m） |
|---|---|
| 1～2 | 2.5～10 |
| 3.2～10 | 3～10 |

本条与原规范相比：起重机的跨度由原规范不分档的允许偏差修订为以 10.5m 为分界线的两档允许偏差；删除了起重机跨度的相对差；对角线的相对差值由“8”修订为“5”；增加了对主梁水平弯曲的检验项目。

**【条文】5.0.2 手动双梁起重机的检验应符合表 5.0.2 的规定。**

**【要点说明】**手动双梁起重机的型式、基本参数。

手动双梁起重机的结构形式如图 3-18 所示。

**表 5.0.2　手动双梁起重机的检验**

| 检验项目 | | 允许偏差（mm） | 简图 |
|---|---|---|---|
| 起重机跨度 $S$ | $S \leqslant 10.5\text{m}$ | ±5 | |
| | $S > 10.5\text{m}$ | $\pm[5+0.25(S-10)]$ | |
| 对角线的相对差 $\lvert L_1 - L_2 \rvert$ | | 5 | |
| 小车轨距 $K$ | 跨端处 | ±3 | |
| | 跨中处 | ±5 | |
| 同一横截面上小车轨道高低差 $C$ | $K \leqslant 2\text{m}$ | 3 | |
| | $K > 2\text{m}$ | $0.0015K$ | |
| 主梁水平弯曲 $f$ | | $S/2000$ | |

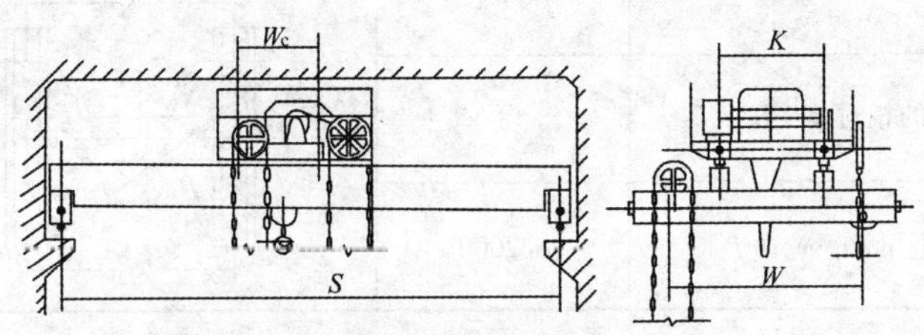


图 3-18　手动双梁起重机的结构形式图

$S$—跨度；$W$—大车基距；$W_C$—小车基距；$K$—小车轨距

手动双梁起重机的基本参数如表 3-16～表 3-18 所示。

**表 3-16　额定起重量系列（t）**

| 5 | 10 | 16 | 20 | 32 |
|---|---|---|---|---|

**表 3-17　跨度系列（m）**

| 7.5 | 10.5 | 13.5 | 16.5 | — |
|---|---|---|---|---|

**表 3-18　起升高度系列（m）**

| 6 | 8 | 10 | 12.5 | 16 |
|---|---|---|---|---|

本条与原规范相比：起重机跨度的允许偏差的分档界线由“14m”修订为“10.5m”；删除了起重机跨度的相对差；对角线的相对差值由“8”修订为“5”；小车轨距允许偏差修订分为跨端和跨中两部分；删除了小车轨距的相对差；增加了对同一横载面上小车轨道高低差和主梁水平弯曲的检验项目。

**【条文】5.0.3 手动悬挂起重机的检验应符合表 5.0.3 的规定。**

**表 5.0.3　手动悬挂起重机的检验**

| 检 验 项 目 | 允许偏差（mm） | 简 图 |
|---|---|---|
| 起重机跨度 $S$ | ±6 | |
| 起重机跨度的相对差 $\lvert S_1 - S_2 \rvert$ | 6 | |
| 对角线的相对差 $\lvert L_1 - L_2 \rvert$ | 8 | |
| 主梁水平弯曲 $f$ | $S/2000$ | |

**【要点说明】**手动悬挂起重机的形式、基本参数。

手动悬挂起重机的结构形式如图 3-19 所示。

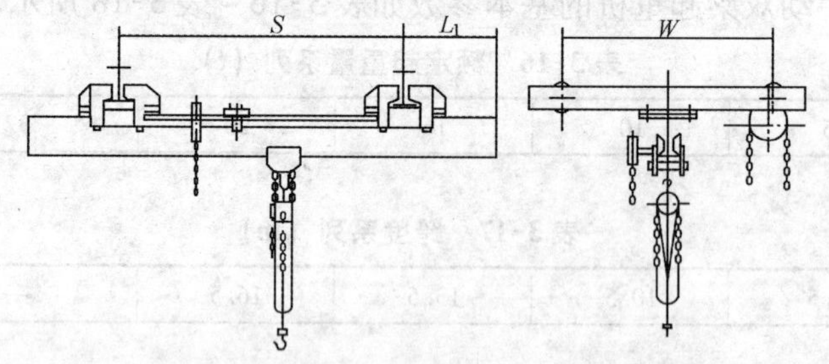


图 3-19　手动悬挂起重机的结构形式图

$S$—跨度；$W$—大车基距；$L_1$—悬臂长度

手动悬挂起重机的基本参数如表 3-19 ~ 表 3-21 所示。

**表 3-19　额定起重量系列（t）**

| 0.5 | 1 | 2 | 3.2 |
|---|---|---|---|

**表 3-20　跨度系列（m）**

| 3 | 4.5 | 6 | 7.5 | 9 | 19.5 |
|---|---|---|---|---|---|

**表 3-21　起升高度系列**

| 起重量（t） | 起升高度（m） |
|---|---|
| 0.5 ~ 2 | 2.5 ~ 12 |
| 3.2 | 3 ~ 12 |

**【条文】5.0.4　电动单梁起重机的检验应符合表 5.0.4 的规定。**

**表 5.0.4　电动单梁起重机的检验**

| 检　验　项　目 | | 允许偏差（mm） | 简　图 |
|---|---|---|---|
| 起重机跨度 $S$ | $S \leqslant 10$m | ±2 | 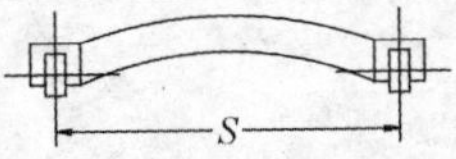 |
| | $S > 10$m | ±［2 + 0.1 ($S-10$)］ | |
| 对角线的相对差 $\lvert l_1 - l_2 \rvert$ | | 5 | 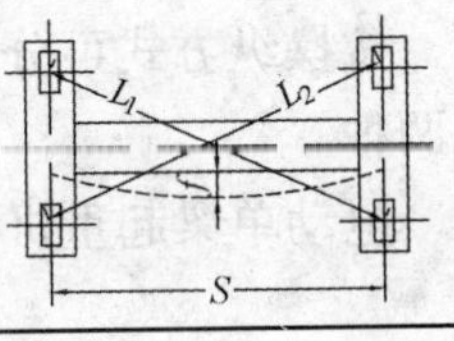 |
| 主梁水平弯曲 $f$ | | $S/2000$ | |

【要点说明】电动单梁起重机的形式、基本参数。

电动单梁起重机的结构形式，主要有两种形式，如图 3-20、图 3-21 所示。

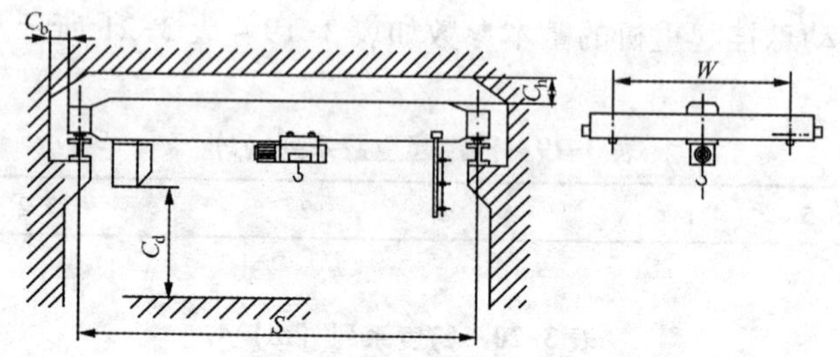


图 3-20　电动葫芦沿单梁下方轨道运行结构形式图

$S$—跨度；$W$—大车基距；$C_b$—侧方间隙；$C_h$—上方间隙；

$C_d$—司机室距地面距离

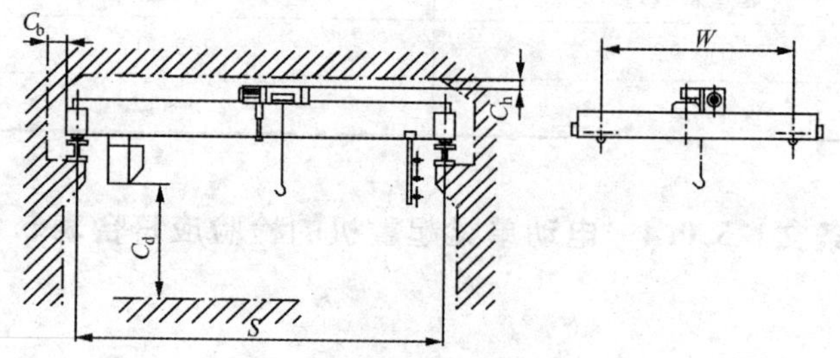


图 3-21　电动葫芦沿单梁上方轨道运行结构形式图

（单主梁角形小车式）

$S$—跨度；$W$—大车基距；$C_b$—侧方间隙；$C_h$—上方间隙；

$C_d$—司机室距地面距离

按操纵方式可分为司机室操纵和地面操纵的电动单梁起重机两种。

电动单梁起重机的基本参数如表 3-22 ~ 表 3-24 所示。

**表 3-22　额定起重量系列（t）**

| — | — | — | 1.0 | — | 1.6 | 2.0 | 2.5 | 3.2 | 4 |
|---|---|---|---|---|---|---|---|---|---|
| 5 | 6.3 | 8 | 10 | 12.5 | 16 | 20 | — | — | — |

表 3-23　跨度系列（m）

| 7.5 | 8 | 10.5 | 11 | 13.5 | 14 | 16.5 |
|---|---|---|---|---|---|---|
| 17 | 19.5 | 22.5 | 25.5 | 28.5 | 31.5 | — |

表 3-24　起升高度系列（m）

| 3.2 | 4 | 5 | 6.3 | 8 | 10 |
|---|---|---|---|---|---|
| 12.5 | 16 | 20 | 25 | 32 | 40 |

**【条文】5.0.5　电动悬挂起重机的检验应符合表 5.0.5 的规定。**

表 5.0.5　电动悬挂起重机的检验

| 检验项目 | | 允许偏差（mm） | 简图 |
|---|---|---|---|
| 起重机跨度 $S$ | $S \leqslant 10m$ | ±4 | 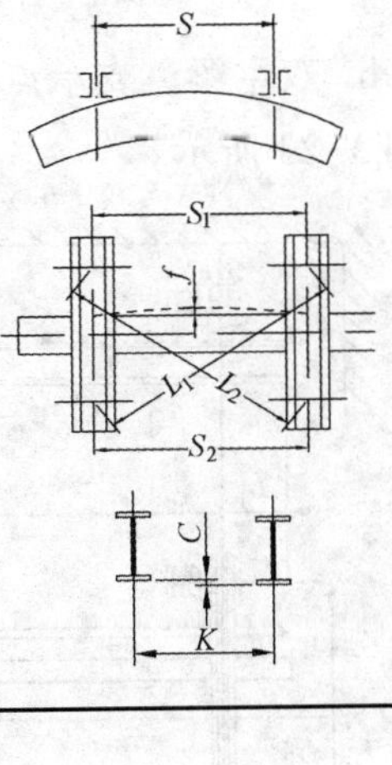 |
| | $10m < S \leqslant 26m$ | ±5 | |
| 对角线的相对差 $\lvert L_1 - L_2 \rvert$ | | 5 | |
| 小车轨距 $K$ | | ±3 | |
| 同一截面上小车轨道高低差 $C$ | $K \leqslant 2m$ | 3 | |
| | $2m < K \leqslant 6.6m$ | $0.0015K$ | |
| 主梁水平弯曲 $f$ | | $S/2000$ | |

**【要点说明】**电动悬挂起重机的形式、基本参数。

电动悬挂起重机的结构形式，按桥架结构形式及悬挂支承点数量的不同，可分为单（双）主梁，双支承点和单（双）主梁，多支承点四种形式：

a. 单主梁，支承点为两个的电动单梁悬挂起重机结构形式如图 3-22 所示。

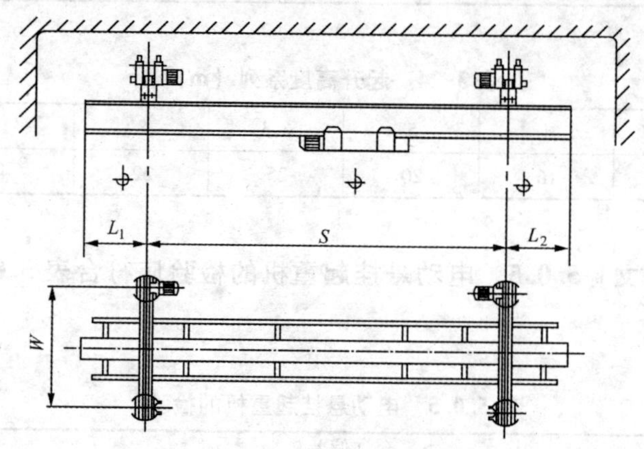


图 3-22　电动单梁悬挂起重机

b. 双主梁，支承点为两个的电动双梁悬挂起重机结构形式如图 3-23 所示。

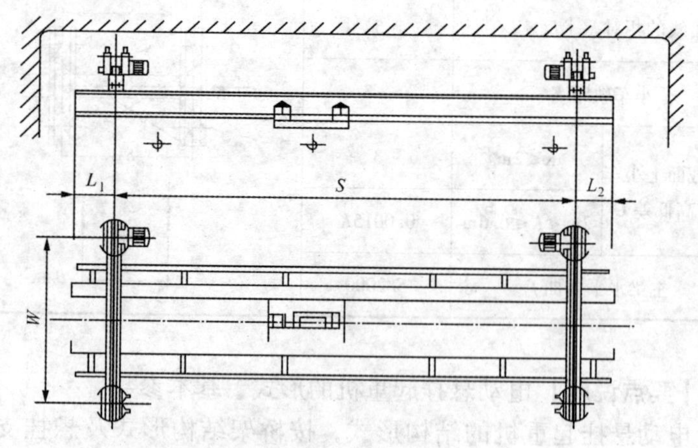


图 3-23　电动双梁悬挂起重机

c. 单主梁，支承点多于两个的多支点电动单梁悬挂起重机结构形式如图 3-24 所示。

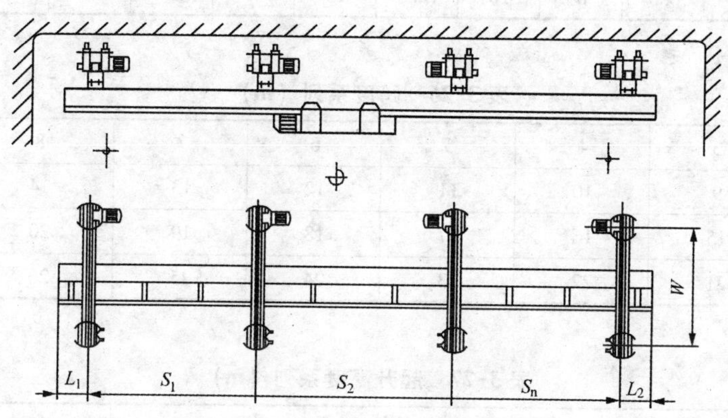


图 3-24　多支点电动单梁悬挂起重机

d. 双主梁，支承点多于两个的多支点电动双梁悬挂起重机结构形式如图 3-25 所示。

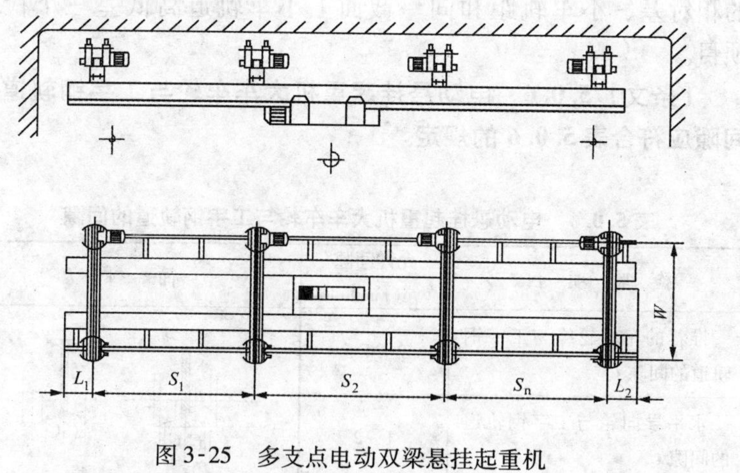


图 3-25　多支点电动双梁悬挂起重机

电动悬挂起重机的基本参数如表 3-25 ~ 表 3-27 所示。

表 3-25　额定起重量系列（t）

| 0.5 | — | — | 1.0 | — | 1.6 | 2.0 | 2.5 | 3.2 | 4 |
|---|---|---|---|---|---|---|---|---|---|
| 5 | 6.3 | 8 | 10 | 12.5 | 16 | 20 | 25 | 32 | 40 |

表 3-26　跨度系列（m）

| 3 | 4 | 5 | 6 | 7 | 8 |
|---|---|---|---|---|---|
| 9 | 10 | 11 | 12 | 13 | 14 |
| 15 | 16 | 17 | 18 | 19 | 20 |
| 21 | 22 | 23 | 24 | 25 | 26 |

表 3-27　起升高度系列（m）

| 3.2 | 4 | 5 | 6.3 | 8 | 10 |
|---|---|---|---|---|---|
| 12.5 | 16 | 20 | 25 | 32 | 40 |

本条与原规范相比：删除了连接板间距差；增加了对角线的相对差、小车轨距和同一截面上小车轨道高低差三个检验项目。

**【条文】5.0.6　电动悬挂起重机大车车轮与工字钢轨道的间隙应符合表 5.0.6 的规定。**

表 5.0.6　电动悬挂起重机大车车轮与工字钢轨道的间隙

| 检　验　项　目 | 允许间隙（mm） | 简　　图 |
|---|---|---|
| 推荐的车轮轮缘与工字钢轨道的间隙 $C$ | 2～4.5 | C C |
| 水平导向轮与工字钢轨道的间隙 $C$ | 1～2 | C C |

**【要点说明】** 采用有轮缘车轮的大车运行机构与电动葫芦运

行小车的运行机构在结构形式上是一样的，只是在数量上多于电动葫芦，但电动葫芦不采用无轮缘的车轮。

# 6　桥式起重机

本章规定了在安装桥式起重机时，必要的检验项目及技术要求。

按照本规范对起重机的重新分类，将原规范的电动葫芦双梁起重机、通用桥式起重机、冶金起重机归入本章；并依据现行的起重机标准，对检验项目及技术要求进行了修订。

**【条文】6.0.1　电动葫芦桥式起重机的检验应符合表6.0.1的规定。**

**表6.0.1　电动葫芦桥式起重机的检验**

| 检验项目 | | | 允许偏差（mm） | 简图 |
|---|---|---|---|---|
| 起重机跨度 $S$ | 无水平导向轮 | $S \leqslant 10$m | ±2 | 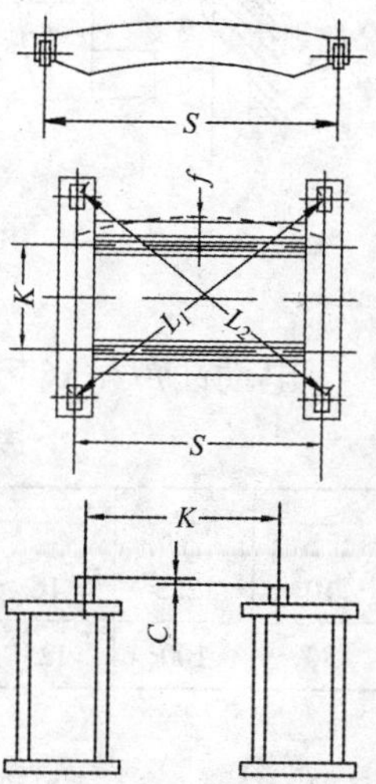 |
| | | $S>10$m | $\pm[2+0.1(S-10)]$ | |
| | 单端有水平导向轮 | $S \leqslant 10$m | ±3 | |
| | | $S>10$m | $\pm[3+0.15(S-10)]$ | |
| 对角线的相对差 $\lvert L_1-L_2 \rvert$ | | | 5 | |
| 小车轨距 $K$ | | | ±3 | |
| 同一截面上小车轨道高低差 $C$ | $K \leqslant 2$m | | 3 | |
| | $2\text{m}<K \leqslant 6.6$m | | $0.0015K$ | |
| | $K>6.6$m | | 10 | |
| 主梁水平弯曲 $f$ | | | $S_Z/2000$ 且 $\leqslant 15$ | |

注：1. $S_Z$ 为主梁两端始于第一块大筋板的实测长度，在距上翼缘板约100mm的大筋板处测量；

2. 当起重机的额定起重量小于等于50t时，主梁水平弯曲应向走台侧凸曲。

【要点说明】电动葫芦桥式起重机的形式、基本参数和出厂检验。

电动葫芦桥式起重机的结构形式，按取物装置分为如下三种：

a. 电动葫芦吊钩桥式起重机；

b. 电动葫芦抓斗桥式起重机；

c. 电动葫芦电磁桥式起重机。

按操纵方式分为如下两种：

a. 地面操纵的电动葫芦桥式起重机；

b. 司机室操纵的电动葫芦桥式起重机。

常用的起重机结构形式如图 3-26 所示。

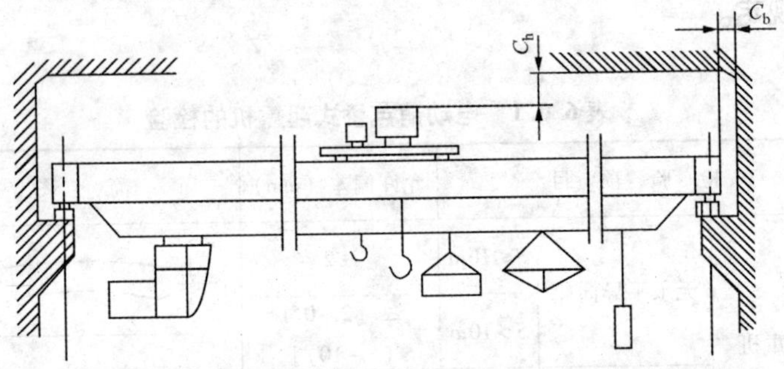


图 3-26 电动葫芦桥式起重机常用的结构形式图

电动葫芦桥式起重机的基本参数如表 3-28 ~ 表 3-30 所示。

**表 3-28 额定起重量系列（t）**

| | | | | | | | | |
|---|---|---|---|---|---|---|---|---|
| — | — | — | — | 3.2 | 4 | 5 | 6.3 | 8 |
| 10 | 12.5 | 16 | 20 | 25 | 32 | 40 | 50 | 63 |
| 80 | 100 | 125 | 160 | 200 | — | — | — | — |

**表 3-29 跨度系列（m）**

| | | | | |
|---|---|---|---|---|
| 7.5 | 10.5 | 13.5 | 16.5 | 19.5 |
| 22.5 | 25.5 | 28.5 | 31.5 | 34.5 |

表 3-30 起升高度系列

| 取物装置 | 起升高度（m） | | | | | | | | | | | |
|---|---|---|---|---|---|---|---|---|---|---|---|---|
| 吊钩 | 3.2 | 4 | 5 | 6.3 | 8 | 10 | 12.5 | 16 | 20 | 25 | 32 | 40 |
| 抓斗、电磁 | — | — | — | — | 8 | 10 | 12.5 | 16 | 20 | 25 | — | — |

本条与原规范相比：起重机跨度的允许偏差由原规范不分类、不分档的修订为分类、分档的允许偏差；删除了起重机跨度的相对差；小车轨距允许偏差由原规范分类、分档的修订为不分类、不分档的允许偏差；同一截面上小车轨道高低差由原规范分二档的修订为分三档的允许偏差；主梁水平弯曲允许偏差由原规范分档的修订为不分档的允许偏差。

**【条文】6.0.2 通用桥式起重机的检验应符合表 6.0.2 的规定。**

**【要点说明】**关于规范“起重机跨度”规定，通用桥式起重机的桥架大多是解体出厂，其大车车轮多数是组装在端梁上，大型的车轮装在平衡梁上，少数车轮是在现场组装，因此组装时应将其跨度控制在允许偏差范围内。同时为敷设起重机轨道也需要测量起重机跨度。否则发生矛盾将会出现卡轮和严重的磨损。

关于“对角线相对差”规定，是因为起重量较大的起重机大多是分两扇运至现场，用端梁连接起来成为长方形的桥架。主梁在运输保管中易产生变形，同时在端梁连接中是否有强制性变形等，均可能在连接板的精制螺栓孔位和桥架的对角线长度差反映出来，所以规定应检查桥架的对角线长度差。测量位置应为大车四只轮子的支点中心为对角线的测量点，因制造的定位点被面板覆盖，所以测量位置和方法可以由施工人员自行正确地选择。否则无法说明没有变形和组装正确。如发生争议时，则应按制造厂的定位点进行测量。

**表 6.0.2　通用桥式起重机的检验**

<table>
<tr><th colspan="4">检　验　项　目</th><th>允许偏差<br>(mm)</th><th>简　图</th></tr>
<tr><td rowspan="5">起重机<br>跨度 $S$</td><td rowspan="2" colspan="2">分离式端梁镗孔直接装车轮结构</td><td>$S \leqslant 10m$</td><td>±2</td><td rowspan="16"> 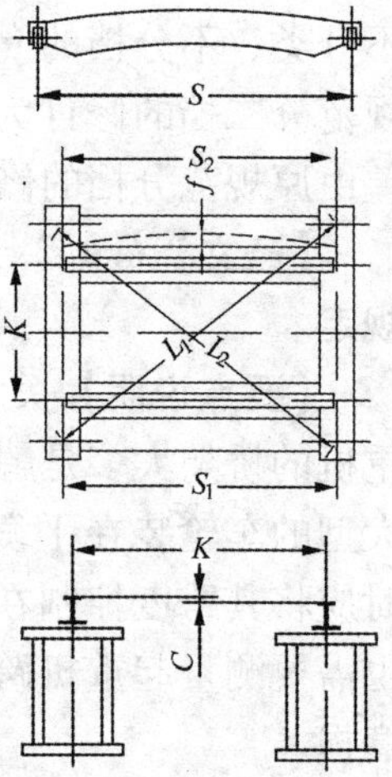</td></tr>
<tr><td>$S > 10m$</td><td>$\pm[2+0.1(S-10)]$</td></tr>
<tr><td colspan="2">焊接连接的端梁及角形轴承箱装车轮结构</td><td>—</td><td>±5</td></tr>
<tr><td rowspan="2" colspan="2">单侧有水平导向轮结构</td><td>$S \leqslant 10m$</td><td>±3</td></tr>
<tr><td>$S > 10m$</td><td>$\pm[3+0.15(S-10)]$</td></tr>
<tr><td colspan="4">焊接连接端梁及角形轴承箱装车轮结构起重机跨度的相对差 $|S_1-S_2|$</td><td>5</td></tr>
<tr><td colspan="4">对角线的相对差 $|L_1-L_2|$</td><td>5</td></tr>
<tr><td rowspan="4">小车轨<br>距 $K$</td><td rowspan="3">$G_n \leqslant 50t$<br>正轨及半偏轨箱形梁</td><td colspan="2">跨端</td><td>±2</td></tr>
<tr><td rowspan="2">跨中</td><td>$S \leqslant 19.5m$</td><td>+5<br>+1</td></tr>
<tr><td>$S > 19.5m$</td><td>+7<br>+1</td></tr>
<tr><td>其他梁</td><td colspan="2">—</td><td>±3</td></tr>
<tr><td rowspan="3">同一截面上小车轨道高低差 $C$</td><td colspan="3">$K \leqslant 2.0m$</td><td>3</td></tr>
<tr><td colspan="3">$2.0m < K < 6.6m$</td><td>$0.0015K$</td></tr>
<tr><td colspan="3">$K \geqslant 6.6m$</td><td>10</td></tr>
<tr><td rowspan="3">主梁水平弯曲 $f$</td><td colspan="2">正轨、半偏轨箱形梁</td><td>—</td><td>$S_Z/2000$</td></tr>
<tr><td rowspan="2" colspan="2">其他梁</td><td>$S \leqslant 19.5m$</td><td>5</td><td></td></tr>
<tr><td>$S > 19.5m$</td><td>8</td><td></td></tr>
</table>

注：1. $S_Z$ 为主梁两端始于第一块大筋板的实测长度，在距上翼缘板约 100mm 的大筋板处测量；

2. 当起重机的额定起重量小于等于 50t 时，主梁水平弯曲应向走台侧凸曲。

关于“小车轨距的测量”，应在主梁组装后进行，目的是核实主梁上的小车轨距和小车上车轮的轮距是否一致。主梁在运输、保管中可能产生的水平旁弯变形将影响小车的轨距，故应检查此项，否则将会产生卡轨和严重的磨损。

关于“同一截面上小车轨道高低差”，主梁在运输、保管、吊装中发生变形，将影响主梁上拱度相对差。但现场不好测量，故用测同一截面上小车轨道高低差来代替。

主梁旁弯的变形在运输、保管、吊装中可能产生，特大吊车的主梁有拼装的，拼装好坏也影响旁弯度，故规定检查此项。

通用桥式起重机的结构形式，按其取物装置分为如下五种：

a. 吊钩桥式起重机；

b. 抓斗桥式起重机；

c. 电磁桥式起重机；

d. 二用桥式起重机(抓斗＋吊钩或电磁＋吊钩或抓斗＋电磁)；

e. 三用桥式起重机（吊钩＋可卸的电磁吸盘或马达抓斗）。

按操纵方式分为如下两种：

a. 地面操纵的通用桥式起重机；

b. 司机室操纵的通用桥式起重机。

吊钩起重机还按小车数量分为如下三种：

a. 单小车吊钩桥式起重机；

b. 等量双小车吊钩桥式起重机；

c. 多小车吊钩桥式起重机。

常用的起重机结构形式如图 3-27 所示。

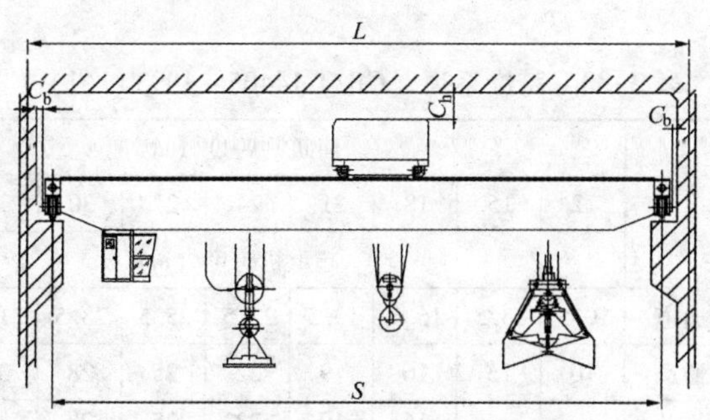


图 3-27　通用桥式起重机常用的结构形式图

通用桥式起重机的基本参数如表 3-31 ~ 表 3-36 所示。

**表 3-31 额定起重量系列（GB/T 14405 - 1993）(1)**

<table>
<tr><th colspan="2">取物装置</th><th colspan="13">起重量（t）</th></tr>
<tr><td rowspan="5">吊钩</td><td rowspan="2">单小车</td><td>3.2</td><td>4</td><td>5</td><td>6.3</td><td>8</td><td>10</td><td>12.5</td><td>—</td><td>16</td><td>20</td><td>25</td></tr>
<tr><td>32</td><td>40</td><td>50</td><td>63</td><td>80</td><td>100</td><td>125</td><td>140</td><td>160</td><td>200</td><td>250</td></tr>
<tr><td rowspan="3">双小车</td><td>2.5 +2.5</td><td>3.2 +3.2</td><td>4 +4</td><td>5 +5</td><td>6.3 +6.3</td><td>8 +8</td></tr>
<tr><td>10 +10</td><td>12.5 +12.5</td><td>16 +16</td><td>20 +20</td><td>25 +25</td><td>32 +32</td></tr>
<tr><td>40 +40</td><td>50 +50</td><td>63 +63</td><td>80 +80</td><td>100 +100</td><td>125 +125</td></tr>
<tr><td colspan="2">抓斗</td><td>3.2</td><td>4</td><td>5</td><td>6.3</td><td>8</td><td>10</td><td>12.5</td><td>16</td><td>20</td><td>25</td><td>32</td><td>40</td><td>50</td></tr>
<tr><td colspan="2">电磁吸盘</td><td>—</td><td>—</td><td>5</td><td>6.3</td><td>8</td><td>10</td><td>12.5</td><td>16</td><td>20</td><td>25</td><td>32</td><td>40</td><td>50</td></tr>
</table>

**表 3-32 额定起重量系列（GB/T 14405 - 2011）(2)**

<table>
<tr><th colspan="2">取物装置</th><th colspan="13">起重量（t）</th></tr>
<tr><td rowspan="6">吊钩</td><td rowspan="2">单小车</td><td>3.2</td><td>4</td><td>5</td><td>6.3</td><td>8</td><td>10</td><td>12.5</td><td>—</td><td>16</td><td>20</td><td>25</td><td>—</td><td>—</td></tr>
<tr><td>32</td><td>40</td><td>50</td><td>63</td><td>80</td><td>100</td><td>125</td><td>140</td><td>160</td><td>200</td><td>250</td><td>280</td><td>320</td></tr>
<tr><td rowspan="3">等量<br>双小车</td><td>2.5 +2.5</td><td>3.2 +3.2</td><td>4 +4</td><td>5 +5</td><td>6.3 +6.3</td><td>8 +8</td><td>10 +10</td></tr>
<tr><td>12.5 +12.5</td><td>16 +16</td><td>20 +20</td><td>25 +25</td><td>32 +32</td><td>40 +40</td><td>50 +50</td></tr>
<tr><td>63 +63</td><td>80 +80</td><td>100 +100</td><td>125 +125</td><td>140 +140</td><td>160 +160</td><td>—</td></tr>
<tr><td>多小车</td><td colspan="13">由两个以上小车组成，但对于桥架的总起重量≤320</td></tr>
<tr><td colspan="2">抓斗</td><td>3.2</td><td>4</td><td>5</td><td>6.3</td><td>8</td><td>10</td><td>12.5</td><td>16</td><td>20</td><td>25</td><td>32</td><td>40</td><td>50</td></tr>
<tr><td colspan="2">电磁吸盘</td><td>—</td><td>—</td><td>5</td><td>6.3</td><td>8</td><td>10</td><td>12.5</td><td>16</td><td>20</td><td>25</td><td>32</td><td>40</td><td>50</td></tr>
</table>

**表 3-33 跨度系列（GB/T 14405 - 1993）(1)**

<table>
<tr><td colspan="2" rowspan="3">起重量（t）</td><td colspan="9">建筑物跨度（m）</td></tr>
<tr><td>12</td><td>15</td><td>18</td><td>21</td><td>24</td><td>27</td><td>30</td><td>33</td><td>36</td></tr>
<tr><td colspan="9">起重机跨度（m）</td></tr>
<tr><td rowspan="2">≤50</td><td>无通道</td><td>10.5</td><td>13.5</td><td>16.5</td><td>19.5</td><td>22.5</td><td>25.5</td><td>28.5</td><td>31.5</td><td>—</td></tr>
<tr><td>有通道</td><td>10</td><td>13</td><td>16</td><td>19</td><td>22</td><td>25</td><td>28</td><td>31</td><td>—</td></tr>
<tr><td colspan="2">63 ~ 125</td><td>—</td><td>—</td><td>16</td><td>19</td><td>22</td><td>25</td><td>28</td><td>31</td><td>34</td></tr>
<tr><td colspan="2">160 ~ 320</td><td>—</td><td>—</td><td>15.5</td><td>18.5</td><td>21.5</td><td>24.5</td><td>27.5</td><td>30.5</td><td>33.5</td></tr>
</table>

**表3-34　跨度系列（GB/T 14405-2011）（2）**

| 起重量（t） | | 建筑物跨度（m） | | | | | | | | | | |
|---|---|---|---|---|---|---|---|---|---|---|---|---|
| | | 12 | 15 | 18 | 21 | 24 | 27 | 30 | 33 | 36 | 39 | 42 |
| | | 起重机跨度（m） | | | | | | | | | | |
| ≤50 | 无通道 | 10.5 | 13.5 | 16.5 | 19.5 | 22.5 | 25.5 | 28.5 | 31.5 | 34.5 | 37.5 | — |
| | 有通道 | 10 | 13 | 16 | 19 | 22 | 25 | 28 | 31 | 34 | 37 | 40 |
| 63～125 | | — | — | 16 | 19 | 22 | 25 | 28 | 31 | 34 | 37 | 40 |
| 160～320 | | — | — | 15.5 | 18.5 | 21.5 | 24.5 | 27.5 | 30.5 | 33.5 | 36.5 | 39.5 |

**表3-35　起升高度系列（GB/T 14405－1993）（1）**

| 起重量（t） | 起升高度（m） | | | | | | |
|---|---|---|---|---|---|---|---|
| | 吊钩 | | | | 抓斗 | | 电磁 |
| | 一般起升高度 | | 加大起升高度 | | 一般起升高度 | 加大起升高度 | 一般起升高度 |
| | 主钩 | 副钩 | 主钩 | 副钩 | | | |
| ≤50 | 12～16 | 14～18 | 24 | 26 | 18～26 | 30 | 16 |
| 63～125 | 20 | 22 | 30 | 32 | — | — | — |
| 160～320 | 22 | 24 | 32 | 34 | — | — | — |

**表3-36　起升高度系列（GB/T 14405－2011）（2）**

| 起重量（t） | 起升高度（m） | | | | | | |
|---|---|---|---|---|---|---|---|
| | 吊钩 | | | | 抓斗 | | 电磁 |
| | 一般起升高度≥ | | 加大起升高度≥ | | 一般起升高度≥ | 加大起升高度≥ | 一般起升高度≥ |
| | 主钩 | 副钩 | 主钩 | 副钩 | | | |
| ≤50 | 12～16 | 14～18 | 24 | 26 | 18～26 | 30 | 16 |
| 63～125 | 20 | 22 | 20 | 22 | | | |
| 160～320 | 22 | 24 | 22 | 24 | — | — | — |

本条与原规范相比：起重机跨度允许偏差由原规范分二档的修订为分类、分档的允许偏差；起重机跨度的相对差的允许偏差由不分类的修订为分类的允许偏差；对角线的相对差由分类的修订为不分类的允许偏差；修订了小车轨距的分类内容；

修订了同一截面上小车轨道高低差的二档与三档的极限值；修订了主梁水平弯曲的分类内容。

**【条文】6.0.3　冶金起重机的检验应符合表6.0.3的规定。**

**表6.0.3　冶金起重机的检验**

<table>
<tr><th colspan="3">检验项目</th><th>允许偏差（mm）</th><th>简图</th></tr>
<tr><td rowspan="5">起重机跨度 $S$</td><td rowspan="2">可分离式端梁镗孔直接装车轮结构</td><td>$S \leqslant 10$m</td><td>±2</td><td rowspan="10">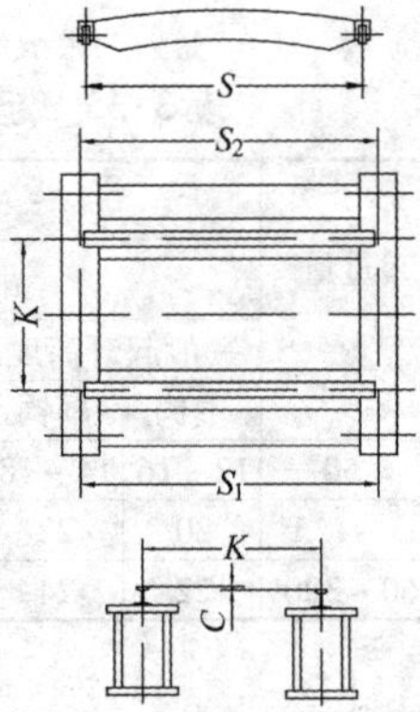
</td></tr>
<tr><td>$S > 10$m</td><td>±[2+0.1(S−10)]</td></tr>
<tr><td>焊接连接端梁及角形轴承箱装车轮结构</td><td>—</td><td>±5</td></tr>
<tr><td rowspan="2">单侧有水平导向轮结构</td><td>$S \leqslant 10$m</td><td>±3</td></tr>
<tr><td>$S > 10$m</td><td>±[3+0.15(S−10)]</td></tr>
<tr><td colspan="3">焊接连接端梁及角形轴承箱装车轮结构起重机跨度的相对差 $\lvert S_1 - S_2 \rvert$</td><td>5</td></tr>
<tr><td colspan="3">小车轨距 $K$</td><td>—</td></tr>
<tr><td rowspan="3">同一截面上小车轨道高低差 $C$</td><td colspan="2">$K \leqslant 2.0$m</td><td>3</td></tr>
<tr><td colspan="2">$2.0\text{m} < K < 6.6\text{m}$</td><td>$0.0015K$</td></tr>
<tr><td colspan="2">$K \geqslant 6.6$m</td><td>10</td></tr>
</table>

**【要点说明】**冶金起重机主要是指金属冶炼、轧制和热加工等企业专用的起重机。依据行业标准《冶金起重机技术条件 第1部分：通用要求》JB/T 7688.1的适用范围，本条为冶金起重机的共同性规定，非共同性规定应按随机技术文件的规定执行。

# 7　门式起重机

本章规定了在安装门式起重机时，必要的检验项目及技术要求。

本章在原规范通用门式起重机的基础上，新增了电动葫芦门式起重机的安装规定。按照现行国家标准《起重机械分类》

GB/T 20776 的规定，“装卸桥”已被归类为桥架型起重机中与“门式起重机”并列的分类，且在与 GB/T 20776－2006 的现行起重机产品标准和技术文件中未查到“装卸桥”的明确定义，故本规范不再使用“装卸桥”这个称谓。

**【条文】7.0.1　电动葫芦门式起重机的检验应符合表 7.0.1 的规定。**

**表 7.0.1　电动葫芦门式起重机的检验**

| 检验项目 | | | 允许偏差（mm） | 简图 |
|---|---|---|---|---|
| 起重机跨度 $S$ | 无水平导向轮 | $S \leqslant 10m$ | ±6 | 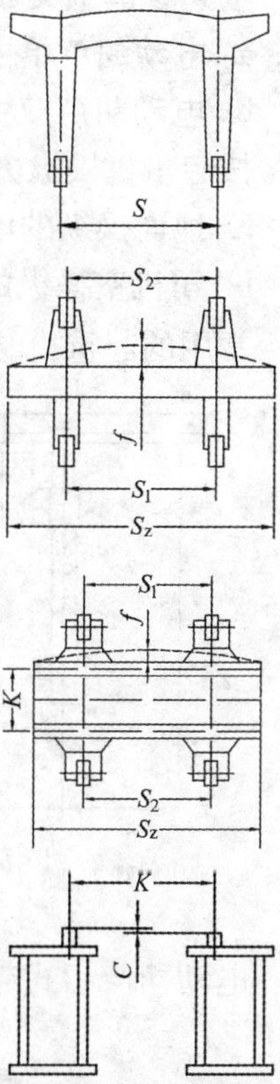 |
| | | $10m < S \leqslant 26m$ | ±8 | |
| | | $S > 26m$ | ±10 | |
| | 单端有水平导向轮 | $S \leqslant 10m$ | ±9 | |
| | | $10m < S \leqslant 26m$ | ±12 | |
| | | $S > 26m$ | ±15 | |
| 起重机跨度相对差 $\lvert S_1 - S_2 \rvert$ | 无水平导向轮 | $S \leqslant 10m$ | 6 | |
| | | $10m < S \leqslant 26m$ | 8 | |
| | | $S > 26m$ | 10 | |
| | 单端有水平导向轮 | $S \leqslant 10m$ | 9 | |
| | | $10m < S \leqslant 26m$ | 12 | |
| | | $S > 26m$ | 15 | |
| 小车轨距 $K$ | | | ±3 | |
| 同一截面上小车轨道高低差 $C$ | $K \leqslant 2m$ | | 3 | |
| | $2m < K \leqslant 6.6m$ | | $0.0015K$ | |
| | $K > 6.6m$ | | 10 | |
| 主梁水平弯曲 $f$ | | | $S_Z/2000$ 且≤20 | |

注：1. $S_Z$ 为主梁的长度，对箱型梁在距上翼缘板约 100mm 的大筋板处测量，对桁架梁在主弦杆中心线处测量，对工字梁在腹板中心线处测量；

2. 当起重机的额定起重量小于等于 50t 时，主梁水平弯曲应向走台侧凸曲。

【要点说明】本条为新增内容。

电动葫芦门式起重机的结构形式，按构造分为如下两种：

a. 电动葫芦门式起重机；

b. 电动葫芦半门式起重机。

按取物装置分为如下三种：

a. 电动葫芦吊钩门式起重机；

b. 电动葫芦抓斗门式起重机；

c. 电动葫芦电磁门式起重机。

按起重机主梁数量分为如下两种：

a. 电动葫芦单主梁门式起重机；

b. 电动葫芦双主梁门式起重机。

按起重机操纵方式分为如下两种：

a. 地面操纵的电动葫芦门式起重机；

b. 司机室操纵的电动葫芦门式起重机。

常用的起重机结构形式如图 3-28 所示。

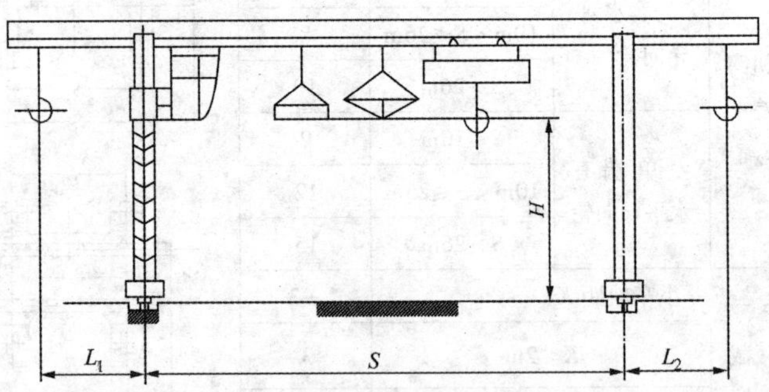


图 3-28　电动葫芦门式起重机常用的结构形式图

电动葫芦门式起重机的基本参数如表 3-37 ~ 表 3-39。

**表 3-37　额定起重量系列（t）**

| | | | | | | | | | | | |
|---|---|---|---|---|---|---|---|---|---|---|---|
| 2 | 3.2 | — | 5 | 6.3 | — | 8 | 10 | 12.5 | 16 | 20 | 25 |
| — | 32 | 40 | 50 | 63 | 75 | 80 | 100 | 125 | 160 | 200 | — |

**表 3-38 跨度系列（m）**

| 7 | 10 | 14 | 18 | 22 | 26 | 30 | 35 | 40 | 45 | 50 |
|---|---|---|---|---|---|---|---|---|---|---|

**表 3-39 起升高度系列**

| 取物装置 | 起升高度（m） | | | | | | | | | |
|---|---|---|---|---|---|---|---|---|---|---|
| 吊钩 | 4 | 5 | 6.3 | 8 | 10 | 12.5 | 16 | 20 | 25 | 32 |
| 抓斗、电磁 | — | — | — | 8 | 10 | 12.5 | 16 | 20 | — | — |

**【条文】7.0.2 通用门式起重机的检验应符合表 7.0.2 的规定。**

**【要点说明】** 通用门式起重机的结构形式，按支腿的结构形式分为如下两种：

a. 门式起重机；

b. 半门式起重机。

按主梁的结构形式分为如下两种：

a. 单主梁门式起重机；

b. 双主梁门式起重机。

按门架的结构形式分为如下三种：

a. 双悬臂式起重机；

b. 单悬臂式起重机；

c. 无悬臂式起重机。

按其取物装置分为如下五种：

a. 吊钩门式起重机；

b. 抓斗门式起重机；

c. 电磁门式起重机；

d. 二用门式起重机（抓斗＋吊钩或抓斗＋电磁）；

e. 三用门式起重机（吊钩＋可卸的电磁吸盘或马达抓斗）。

按操纵方式分为如下两种：

a. 地面操纵的门式起重机；

b. 司机室操纵的门式起重机。

吊钩起重机按小车数量分为如下三种：

a. 单小车吊钩门式起重机；

b. 等量双小车吊钩门式起重机；

c. 多小车吊钩门式起重机。

**表 7.0.2　通用门式起重机的检验**

| 检验项目 | | | 允许偏差（mm） | 简图 |
|---|---|---|---|---|
| 起重机跨度 $S$ | $S \leqslant 26\text{m}$ | | ±8 | 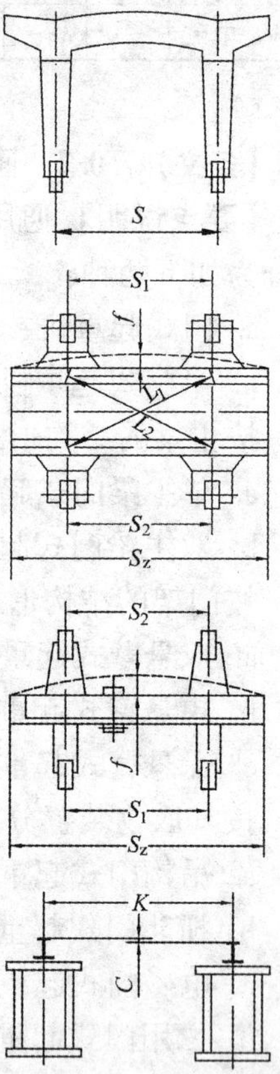 |
| | $S > 26\text{m}$ | | ±10 | |
| 起重机跨度的相对差 $\lvert S_1 - S_2 \rvert$ | $S \leqslant 26\text{m}$ | | 8 | |
| | $S > 26\text{m}$ | | 10 | |
| 对角线的相对差 $\lvert L_1 - L_2 \rvert$ | | | 5 | |
| 小车轨距 $K$ | 正轨、半偏轨箱型梁 | 跨端 | ±2 | |
| | | 跨中 | +7<br>+1 | |
| | 其他梁 | | ±3 | |
| 同一截面上小车轨道高低差 $C$ | $K \leqslant 2\text{m}$ | | 3 | |
| | $2\text{m} < K < 6.6\text{m}$ | | $0.0015K$ | |
| | $K \geqslant 6.6\text{m}$ | | 10 | |
| 主梁水平弯曲 $f$ | 正轨、半偏轨箱型梁 | | $S_Z/2000$<br>且≤20 | |
| | 其他梁及单主梁 | | $S_Z/2000$<br>且≤15 | |

注：1. $S_Z$ 为主梁两端始于第一块大筋板的实测长度，在距上翼缘板约 100mm 的大筋板处测量；

2. 主梁水平弯曲，对双主梁，当起重机的额定起重量小于等于 50t 时，应向走台侧凸曲；对单主梁应凸向吊钩侧；

3. $L_1$ 与 $L_2$ 应在支腿安装前测量。

常用的起重机结构形式如图 3-29、图 3-30 所示。

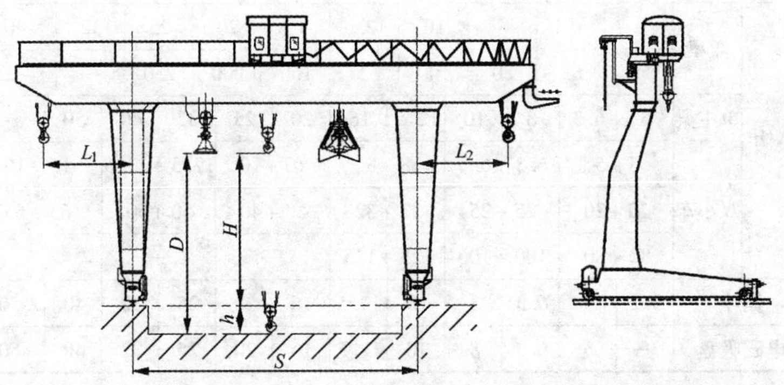


图 3-29　半门式/单梁门式/通用门式起重机常用的结构形式

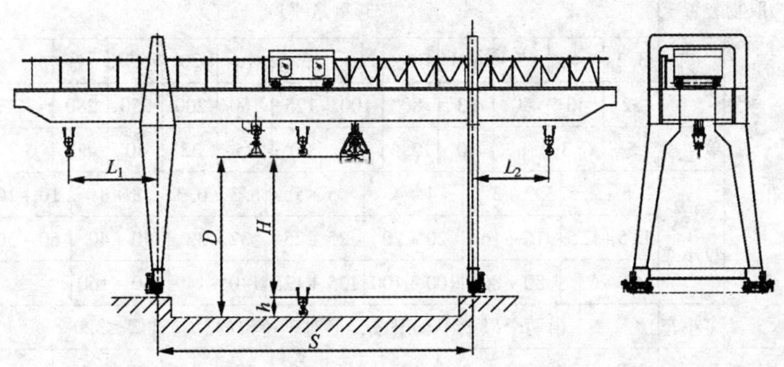


图 3-30　门式/双梁门式/通用门式起重机常用的结构形式

通用门式起重机的基本参数如表 3-40 ~ 表 3-45。

**表 3-40　额定起重量系列（GB/T 14406－1993）（1）**

| 取物装置 | | 起重量（t） | | | | | | | | | | | |
|---|---|---|---|---|---|---|---|---|---|---|---|---|---|
| 吊钩 | 双梁 | 5 | 6.3 | 8 | 10 | 12.5 | 16 | 20 | 25 | 32 | 40 | | |
| | | 50 | 63 | 80 | 100 | 125 | 160 | 200 | 250 | — | — | | |
| | 单主梁 | 5 | 6.3 | 8 | 10 | 12.5 | 16 | 20 | 25 | 32 | 40 | 50 | - |
| | 双小车 | 5＋5 | 6.3＋6.3 | 8＋8 | 10＋10 | 12.5＋12.5 | 16＋16 | | | | | | |
| | | 20＋20 | 25＋25 | 32＋32 | 40＋40 | 50＋50 | 63＋63 | | | | | | |
| | | 80＋80 | 100＋100 | 125＋125 | — | — | — | | | | | | |
| 抓斗 | | 3.2 | 5 | 6.3 | 8 | 10 | 12.5 | 16 | 20 | 25 | 32 | 40 | 50 |
| 电磁吸盘 | | — | 5 | 6.3 | 8 | 10 | 12.5 | 16 | 20 | 25 | 32 | 40 | 50 |

**表 3-41　额定起重量系列（GB/T 14406－2011）（2）**

| 取物装置 | | 起重量（t） | | | | | | | | | | | |
|---|---|---|---|---|---|---|---|---|---|---|---|---|---|
| 吊钩 | 双梁 | 3.2 | 4 | 5 | 6.3 | 8 | 10 | 12.5 | 16 | 20 | 25 | — | — |
| | | 32 | 40 | 50 | 63 | 80 | 100 | 125 | 160 | 200 | 250 | 280 | 320 |
| | 单主梁 | 5 | 6.3 | 8 | 10 | 12.5 | 16 | 20 | 25 | 32 | 40 | 50 | — |
| | 等量双小车 | 2.5＋2.5 | 3.2＋3.2 | 4＋4 | 5＋5 | 6.3＋6.3 | 8＋8 | 10＋10 | | | | | |
| | | 12.5＋12.5 | 16＋16 | 20＋20 | 25＋25 | 32＋32 | 40＋40 | 50＋50 | | | | | |
| | | 63＋63 | 80＋80 | 100＋100 | 125＋125 | 140＋140 | 160＋160 | — | | | | | |
| | 多小车 | 由两个以上小车组成，但对于桥架的总起重量≤320 | | | | | | | | | | | |
| 抓斗 | | 3.2 | 5 | 6.3 | 8 | 10 | 12.5 | 16 | 20 | 25 | 32 | 40 | 50 |
| 电磁吸盘 | | — | 5 | 6.3 | 8 | 10 | 12.5 | 16 | 20 | 25 | 32 | 40 | 50 |

**表 3-42　跨度系列（GB/T 14406－1993）（1）**

| 起重量（t） | 起重机跨度（m） | | | | | | | | |
|---|---|---|---|---|---|---|---|---|---|
| 5～50 | 10 | 14 | 18 | 22 | 26 | 30 | 35 | 40 | 50 |
| 63～125 | — | — | 18 | 22 | 26 | 30 | 35 | 40 | 50 |
| 160～250 | — | — | 18 | 22 | 26 | 30 | 35 | 40 | 50 |

**表 3-43 跨度系列（GB/T 14406－2011）（2）**

| 起重量（t） | 起重机跨度（m） | | | | | | | | | |
|---|---|---|---|---|---|---|---|---|---|---|
| 5～50 | 10 | 14 | 18 | 22 | 26 | 30 | 35 | 40 | 50 | 60 |
| 63～125 | — | — | 18 | 22 | 26 | 30 | 35 | 40 | 50 | 60 |
| 160～320 | — | — | 18 | 22 | 26 | 30 | 35 | 40 | 50 | 60 |

**表 3-44 起升高度系列（GB/T 14406－1993）（1）**

<table>
<tr><td rowspan="3">起重量（t）</td><td rowspan="3">跨度（m）</td><td colspan="5">起升高度（m）</td></tr>
<tr><td>吊钩起重机</td><td colspan="2">抓斗起重机</td><td colspan="2">电磁起重机</td></tr>
<tr><td>起升高度</td><td>起升高度</td><td>下降深度</td><td>起升高度</td><td>下降深度</td></tr>
<tr><td rowspan="2">5～50</td><td>10～26</td><td rowspan="2">12</td><td>8</td><td>4</td><td rowspan="2">10</td><td rowspan="2">2</td></tr>
<tr><td>30～50</td><td>10</td><td>2</td></tr>
<tr><td>63～125</td><td>18～50</td><td>14</td><td>—</td><td>—</td><td>—</td><td>—</td></tr>
<tr><td>160～250</td><td>18～50</td><td>16</td><td>—</td><td>—</td><td>—</td><td>—</td></tr>
</table>

**表 3-45 起升高度系列（GB/T 14406－2011）（2）**

<table>
<tr><td rowspan="3">起重量（t）</td><td rowspan="3">跨度（m）</td><td colspan="5">起升高度（m）</td></tr>
<tr><td>吊钩起重机</td><td colspan="2">抓斗起重机</td><td colspan="2">电磁起重机</td></tr>
<tr><td>起升高度</td><td>起升高度</td><td>下降深度</td><td>起升高度</td><td>下降深度</td></tr>
<tr><td rowspan="2">5～50</td><td>10～26</td><td rowspan="2">12</td><td>8</td><td>4</td><td rowspan="2">10</td><td rowspan="2">2</td></tr>
<tr><td>30～60</td><td>10</td><td>2</td></tr>
<tr><td>63～125</td><td>18～60</td><td>14</td><td>—</td><td>—</td><td>—</td><td>—</td></tr>
<tr><td>160～320</td><td>18～60</td><td>16</td><td>—</td><td>—</td><td>—</td><td>—</td></tr>
</table>

本条与原规范相比：将双主梁和单主梁起重机的检验表格合二为一；对角线的相对差由原规范分档的修订为不分档的允许偏差；修订了主梁水平弯曲的分类；同一截面上小车轨道高低差由不分档的修订为分档的允许偏差；修订了小车轨距的分类。

**【条文】7.0.3　小车的安装应符合下列规定：**

**1. 在小车的全行程上，防止脱轨的安全保护装置不应与轨道产生摩擦。**

**2. 具有铰接缓冲装置的小车（图7.0.3）在无负荷时，车架端部上平面应向下倾斜，且倾斜量不应大于5mm。**

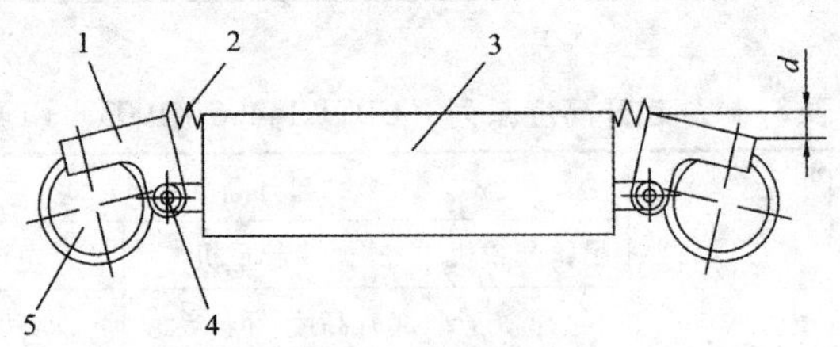


图7.0.3　铰接小车架

1—车架端部；2—缓冲装置；3—小车架；

4—铰接副；5—车轮组；*d*—倾斜量

**【要点说明】**本条是高速小车的安装规定。正常情况下，如遇防止脱轨的安全保护装置与轨道间产生摩擦，则说明小车行走异常，应查明原因，妥当处理。当小车的运行速度小于120 m/min时，一般不采用带铰接缓冲装置的小车。

**【条文】7.0.4　通用门式起重机安装后，应随即装上夹轨器并进行试验。试验时，夹轨器应符合下列规定：**

**1. 夹轨器各节点应转动灵活，夹钳、连杆、弹簧、螺杆和闸瓦不应有裂纹和变形。**

**2. 夹轨器工作时，闸瓦应在轨道的两侧夹紧，钳口的开度应符合随机技术文件的规定，张开时不应与轨道相碰。**

**【要点说明】**门式起重机在室外露天安装使用较多，抗倾覆、防风等方面夹轨器安装的好坏极为重要。

夹轨器有手动的、电动弹簧式的、电动重锤式的、电动液压式的等多种类型，操作过程各不相同，故应按随机技术文件的规定进行调整和试验。为了安全，起重机的门架竖立起来后，应随即装上夹轨器，并使其工作。

## 8 悬臂起重机

本章涉及的是以手动、电动或气动葫芦为起升机构的，且以小车变幅的悬臂起重机。

按现行国家标准《起重机械分类》GB/T 20776 修订了章名；原规范的第 10.0.4 条的内容是由制造厂保证的，故删除；在现行国家标准《起重机设计规范》GB/T 3811 中，已不对悬臂的上翘度作硬性的规定，故有关悬臂的上翘度的技术要求随之删除；按照《工程建设标准编写规定》，对原条文进行了文字性的修订。

悬臂起重机的结构形式，按构造分为如下三种：

1. 壁式悬臂起重机（见图 3-31）

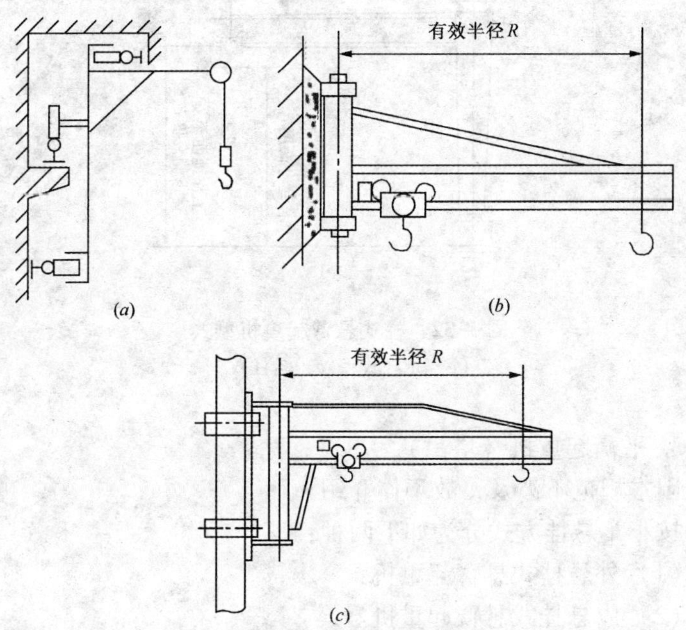


图 3-31 壁式悬臂起重机型式

(a) 壁行式；(b) 壁装式；(c) 柱装式

2. 柱式悬臂起重机（见图 3-32）

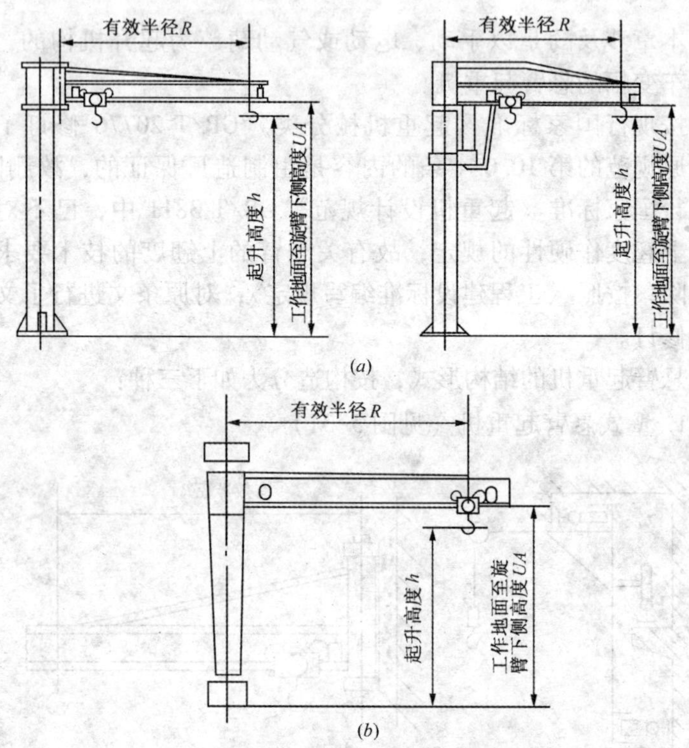


图 3-32 柱式悬臂起重机型式

（a）定柱式；（b）转柱式

3. 平衡起重机（塔吊）

因本规范不涉及，故不作介绍。

按小车悬挂方式分为如下两种：

（1）外悬挂式悬臂起重机；

（2）内悬挂式悬臂起重机。

悬臂起重机的基本参数如表 3-46 所示。

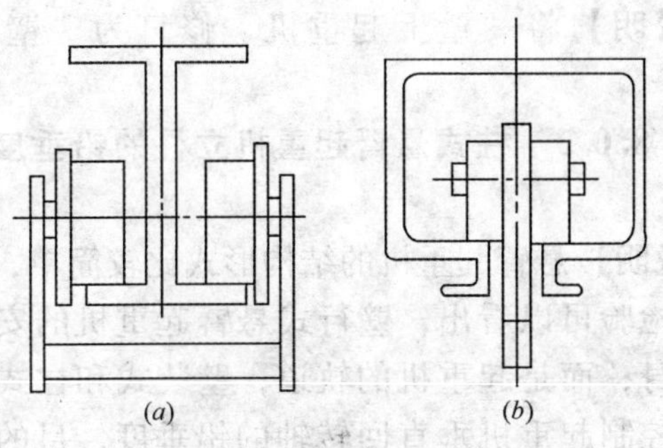


图 3-33　平衡起重机型式

（a）外悬挂式；（b）内悬挂式

**表 3-46　悬臂起重机的基本参数**

| 额定起重量（t） | 0.125，0.25，0.5，1，2，3.2（3），5，6.3（6），8，10 |
|---|---|
| 起升高度（m） | 2～10（可按 0.5m 递增） |
| 有效半径（m） | 2～10（可按 0.5m 递增） |
| 回转角度 | 180°，270°，360°，任意 |

**【条文】8.0.1　壁式悬臂起重机敷设大车轨道（图 8.0.1）时，除应符合本规范第 3 章的规定外，尚应符合下列规定：**

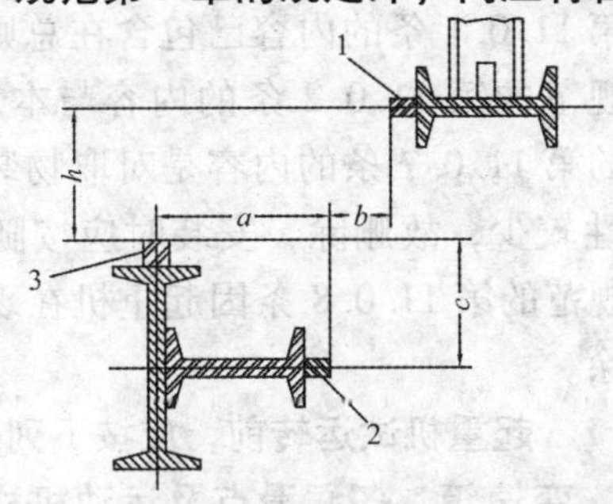


图 8.0.1　壁式悬臂起重机轨道安装

1—上水平轮轨道；2—下水平轮轨道；3—大车车轮轨道

$a$—下水平轮轨道顶面至大车车轮轨道中心线的距离；$b$—上、下水平轮轨道顶面间的距离；$c$—下水平轮轨道中心线至大车车轮轨道顶面间的距离；$h$—上水平轮轨道中心线至大车车轮轨道顶面间的距离

【要点说明】将“壁上起重机”修订为“壁式悬臂起重机”。

**【条文】8.0.3 柱式悬臂起重机立柱的铅垂度，不应大于1/2000。**

【要点说明】悬臂起重机的结构形式比较简单，从起重机的参数和出厂检验可以看出，壁行式悬臂起重机的安装重点并不是起重机本身，而是起重机的轨道；壁装式和柱式悬臂起重机安装重点是控制起重机垂直回转轴的铅垂度，目的是使悬臂在任意位置上不得有自由回转。

## 9 起重机的试运转

本章规定了起重机在安装完成后必要的试运转及试验，目的是验证起重机的安装质量。

本次试运转修订后的内容及步骤分4节（起重机试运转的准备、起重机空载试运转、起重机静载试运转、起重机动载试运转）进行规定，使试运转的层次分明，便于使用。

修改了起重机的试运转一章的结构，按试运转的种类分节规定；依据新修订的起重机产品标准，对试运转的内容进行了更新；原规范的第11.0.1条的内容已包含在总则的第1.0.4条中，故删除；原规范的第11.0.2条的内容与本章的结构重复，故删除；原规范的第11.0.7条的内容是对取物装置的要求，因其种类较多，共性较少，故删除，安装时应按随机技术文件的规定去执行；原规范的第11.0.8条因起重机在现场安装不进行此项检查，故删除。

**【条文】9.1.1 起重机试运转前，应按下列要求进行检查：**

**1. 液压系统、变速箱、各润滑点及运动机构，所加润滑油的性能、规格和数量应符合随机技术文件的规定。**

**2. 制动器、起重量限制器、液压安全溢流装置、超速限速保护、超电压及欠电压保护、过电流保护装置等，应按随机技术文件的要求进行调整和整定。**

**3. 限位装置、电气系统、连锁装置和紧急断电装置，应灵敏、正确、可靠。**

**4. 电动机的运转方向、手轮、手柄、按钮和控制器的操作指示方向，应与机构的运动及动作的实际方向要求相一致。**

**5. 钢丝绳端的固定及其在取物装置、滑轮组和卷筒上的缠绕，应正确、可靠。**

**6. 缓冲器、车挡、夹轨器、锚定装置等，应安装正确、动作灵敏、安全可靠。**

**【要点说明】**本条仅规定了必要的检查内容，故起重机试运转前，应在本条的基础上对起重设备进行全面的检查，保证各项试运转能顺利地进行。

目的是通过这些检查，了解起重机是否具备试运转的条件，消除存在的隐患，使试运转工作能顺利进行下去。如果在检查中发现了问题，则应及时处理。未经检查或检查未通过，均不能进行试运转的下一步工作。

**【条文】9.2.1　各机构、电气控制系统及取物装置在规定的工作范围内，应正常动作；各限位器、安全装置、连锁装置等执行动作应灵敏、可靠；操作手柄、操作按钮、主令控制器与各机构的动作应一致。**

**【要点说明】**起升机构的工作范围为设定的上下限之间；小车运行机构的工作范围为小车轨道两端的车挡之间；大车运行机构的工作范围为大车轨道两端的车挡之间；电气控制系统工作范围为设定的电流值和电压值的上下限之间；机构正常动作是指启动、运转、制动过程平稳，无异常声响；车轮无啃轨、卡轨现象；电气控制系统正常动作是指电器设备和元器件无异常的声响、接触不良和过热现象。

**【条文】9.2.2　提升机构和取物装置上升至终点和极限位置时，其减速终点开关和极限开关的动作应准确、可靠、及时报警断电。**

**【条文】9.2.3　小车运行至极限位置时，其终点低速保护、**

极限后报警和限位应准确、可靠。

【条文】**9.2.4** 大车运行应符合下列规定：

**1.** 移动时应有报警声或警铃声。

**2.** 移动至大车轨道端部极限位置时，端部报警和限位应准确、可靠。

**3.** 两台起重机间的防撞限位装置应有效、可靠。

**4.** 供电的集电器与滑触线应接触良好、无掉脱和产生火花。

**5.** 供电电缆卷筒应运转灵活，电缆收放应与大车移动同步，电缆缠绕过程不得有松弛；电缆长度应满足大车移动的需要，电缆卷筒终点开关应准确、可靠。

**6** 大车运行与夹轨器、锚定装置、小车移动等连锁系统应符合设计要求。

【条文】**9.2.5** 起重机空载试运转应分别进行各挡位下的起升、小车运行、大车运行和取物装置的动作试验，次数不应少于3次。

【要点说明】第9.2.1条~第9.2.4条涉及的大部分内容，在试运转前已得到验证（见9.1.1条），且是试运转的前提，故将各动作的最少试验次数由5次修订为3次。

【条文】**9.3.1** 起重机的静载试验应符合下列规定：

**1.** 起重机应停放在厂房柱子处。

**2.** 将小车停在起重机的主梁跨中或有效悬臂处，无冲击地起升额定起重量**1.25**倍的载荷距地面**100~200mm**处，悬吊停留**10min**后，应无失稳现象。

**3.** 卸载后，起重机的金属结构应无裂纹、焊缝开裂、油漆起皱、连接松动和影响起重机性能与安全的损伤、主梁无永久变形。

**4.** 主梁经检验有永久变形时，应重复试验，但不得超过3次。

**5.** 小车卸载后开到跨端或支腿处，检测起重机主梁的实有上拱度或悬臂实有上翘度，其值不应小于表**9.3.1**的规定。

表 9.3.1 起重机主梁实有上拱度或悬臂实有上翘度的最小值

| 起重机类别 | 检测部位 | 最小值（mm） |
|---|---|---|
| 手动单梁起重机、手动双梁起重机、手动悬挂起重机、电动葫芦桥式起重机、通用桥式起重机、冶金起重机、电动葫芦门式起重机、通用门式起重机 | 主梁跨度中部 $S/10$的范围内 | $0.7S/1000$ |
| 电动单梁起重机、电动悬挂起重机 | 主梁跨度中部 $S/10$的范围内 | $0.8S/1000$ |
| 电动葫芦门式起重机、通用门式起重机、悬臂起重机 | 有效悬臂处 | $0.7L_0/350$ |

【要点说明】静载试验目的是检验起重机及其各部分的结构承载能力；主梁的上拱度只是静载试验中的一项检验内容，使用本条时应加以注意；静载试验应逐渐增加载荷作起升试运转，直至加到额定载荷，各部分应无异常现象，静载试验重复的次数由主梁是否有永久变形确定，当主梁无永久变形时，试验则不再重复，而不是必须重复3次；静载试验每一步骤的内容完成后，均应认真的检查，如有任何一项检验不合格，起重机的静载试验则不合格。静载试验由建设单位负责组织，但必须由有静载试验资质的单位负责试验，安装单位配合解决安装质量问题。

**【条文】9.3.2 起重机静载试验后，应以额定起重量在主梁跨中和有效悬臂处检测起重机的静刚度，静刚度值应符合随机技术文件的规定，其检测应符合下列规定：**

**1. 将空载小车开到跨端或支腿处，在主梁跨中或有效悬臂处应定出测量基准点。**

**2. 再将小车开至主梁跨中或有效悬臂处，应起升额定起重量的载荷离地面200mm，并应待载荷静止后检测。**

**3. 起重机主梁或悬臂的静刚度值，应以测量基准点垂直向下移动的距离计。**

**【要点说明】**本条为原规范第 11. 0. 5 条的第 5 款，依据静刚度的定义（由额定起重量和小车自重在主梁跨中产生的垂直静挠度）修订；因试验载荷为额定载荷，故本条无试验资质的限定。

关于桥架型起重机的静刚度：在新修订的《起重机设计规范》GB/T 3811 中，对起重机的静刚度不再按起重机的工作级别确定，而按调速控制系统的完善程度及能达到的定位精度要求确定，且不再作硬性的规定，而只是给出了推荐值。

1）在跨中位置

①对手动起重机

手动小车（或手动葫芦）位于桥架主梁跨中位置时，由额定起升载荷及手动小车（或手动葫芦）自重载荷在该处产生的垂直静挠度 $f$ 与起重跨度 $S$ 的关系，推荐为：$f \leqslant \frac{1}{400}S$。

②对电动起重机

自行式小车（或电动葫芦）位于桥架主梁跨中位置时，由额定起升载荷及自行式小车（或电动葫芦）自重载荷在该处产生的垂直静挠度 $f$ 与起重跨度 $S$ 的关系，推荐为：

a. 对低定位精度要求的起重机，或具有无级调速控制特性的起重机；采用低起升速度和低加速度能达到可接受定位精度要求的起重机：$f \leqslant \frac{1}{500}S$；

b. 使用简单控制系统能达到中等定位精度特性的起重机：$f \leqslant \frac{1}{750}S$；

c. 需要高定位精度的起重机：$f \leqslant \frac{1}{1000}S$。

注：定位要求的实现取决于不同调速控制系统的完善程度和不同静态刚性指标的互补匹配，而可接受定位精度是指低与中等之间的定位精度。

2）在有效悬臂处

自行式小车（或电动葫芦）位于桥架主梁有效悬臂处时，由额定起升载荷及自行式小车（或电动葫芦）自重载荷在该处产生的垂直静挠度 $f_1$ 与起重跨度 $L_1$ 的关系，推荐为：$f_1 \leqslant \frac{1}{350}L_1$。

**【条文】9.4.5　卸载后，起重机的机构、结构应无损坏、永久变形、连接松动、焊缝开裂和油漆起皱，液压系统和密封处应无渗漏。**

**【要点说明】**本条为新增内容。动载试验由建设单位负责组织，但必须由有动载试验资质的单位负责试验，安装单位配合解决安装质量问题。

动载试验的目的主要是验证起重机各机构和制动器的功能。因此，试验时应注意观察各机构的运行状况（不要漏了检查车轮与轨道的接触情况和滑触线的接触情况），如出现异常应立即停止试验，防止事故的发生。

## 10　工程验收

本章规定了起重设备安装工程的验收程序和要求。

**【条文】10.0.1　起重设备安装工程施工完毕，应连续进行空载、静载、动载试运转；各试运转符合本规范第 9 章的规定后，应办理工程验收手续。当条件限制不能连续进行静载、动载试运转时，空载试运转符合要求后，亦可办理工程验收手续。**

**【条文】10.0.2　起重设备安装工程验收时，应具备下列资料：**

**1. 开工报告；**

**2. 设备开箱检验、接收记录；**

**3. 设计变更和修改等有关资料；**

**4. 轨道安装施工质量检查记录；**

**5. 起重机有关的几何尺寸复查和安装检查记录；**

**6. 重要部位的焊接、高强螺栓连接的检验记录；**

**7. 起重机的试运转记录；**

**8. 其他有关资料。**

**【要点说明】** 参照原规范第 12 章和起重设备安装工程的特点修订。

明确起重设备安装工程交工验收的内容、方式及应提供的交工资料。其中，当不具备连续试运转的条件时，至空载试运转合格后即应办理安装验收手续完成工程移交，目的是解决空载试运转至负载试运转这段时间内，起重机保管及维护工作无人负责而造成损失。

**【附录 A 起重机跨度的检测】**

**【要点说明】** 关于检测条件，见表 3-47。

**表 3-47 起重机检测条件对比表**

| 本 规 范 | 原 规 范 |
|---|---|
| 室内应无影响测量的辐射热源，室外应无影响测量风和日照 | 室内起重机应水平放置，并无强辐射热源影响；室外起重机应水平放置，并在无风、无日照情况下测量 |
| 桥式起重机的支承点应设在车轮下或设在端梁下面靠近车轮的位置处，门式起重机的支承点应设在支腿连接座板内 | |
| 起重机应以端梁上翼缘板的四个基准点调平，跨度方向上的高低差不应大于 3 mm，基距方向上的高低差不应大于 2 mm | |

参照原规范附录一、《工程建设标准编写规定》及现行的起重机标准修订。除本附录规定的测量方法外，亦可采用以起重机实物的跨度为基准的“比较”法测量轨道的跨度。比较法仅

适用于只安装单台起重机的轨道，而不适用于安装多台起重机的轨道。

**【附录 B 起重机主梁上拱度和悬臂上翘度的检测】**

**【要点说明】**关于上拱度的位置。起重机主梁的上拱度位于跨度中部的 1/10 范围内，且根据主梁的结构形式（箱型梁在大隔板的正上方，桁架梁在节点的正上方）及测量的最大值确定。

悬臂上翘度是指在有效悬臂处的悬臂上翘值，即小车运行到悬臂端的极限位置时，吊钩铅垂中心线所在的主梁横截面上的悬臂上翘值。除用拉钢丝的方法外，起重机主梁上拱度和悬臂上翘度的测量亦可采用“测量标高”的方法，如用水准仪测量。

# 第四篇 起重机金属结构与静刚度释义

起重机是工业生产中必不可少的机械设备，因受自身功能（仅起物料搬运的作用）的限制，并没有机械加工设备那样大的需求量，所以市场占有量相对较少，而起重机专业的从业人员则更少。这些专业人员大部分相对集中在起重机的设计、制造业内，在业外，特别是建筑安装行业内很少见得到。为了更好地贯彻、执行本规范和确保吊装方案的安全，笔者觉得有必要利用此机会，将起重机金属结构和静刚度加以介绍，望能引起大家的高度重视。

**一、起重机金属结构**

1. 在起重机的专业课中，把起重机承载的支承结构称为“金属结构”，却不叫“钢结构”，这是为了与现行国家标准《钢结构设计规范》GB 50017 中的“钢结构”有所区别。因为《钢结构设计规范》中的钢结构专指“建筑钢结构”，而不是泛指的钢结构。

2. 起重机的“金属结构”完全是承受动载荷的结构；“建筑钢结构”主要是承受静载荷的结构。请大家注意，所承受的载荷形式是这两类金属结构的质的区别。

3. 在现行国家标准《起重机设计规范》GB/T 3811 中规定的结构计算原则为许用应力设计法或极限状态设计法，这两种设计方法全是限制在钢材的弹性范围内的计算方法；在《钢结构设计规范》GB 50017 中规定的结构计算原则为采用以概率理论为基础的极限状态设计方法，用分项系数设计表达式进行计算，其计算方法已经超出了钢材的弹性范围。请大家注意，材料的弹性极限是这两个规范的质的区别。因此，《起重机设计规范》与《钢结构设计规范》的许用应力值是不同的。一般情况下，按《钢结构设计规范》选取的许用应力是要大于按《起重机设计规范》选取的许用应力。

4. 在建筑安装行业内，甚至在建筑安装行业内外，很多人都知道《钢结构设计规范》，而知道《起重机设计规范》的却很少。因此，在制订吊装方案时，往往将《钢结构设计规范》作为承载结构的核算依据，致使设计结果中隐藏着不安全的隐患，但吊装方案的一次实施性及计算系数和安全系数的作用，这种隐患却被忽视了。

## 二、起重机刚度

研究结果表明，在某些情况下，过大的弹性变形、位移或振动会对起重机完成工作任务，起重机及其结构的稳定性，或者实现起重机机构的正常功能产生不利的影响。对起重机发生的过大变形和位移，也不宜用一个简单的规定值来控制，更不能简单地认为起重机承受载荷后变形越小起重机性能越好，因为各个起重机的使用条件、操作控制方案、作业内容要求等都不完全相同。简单化地统一规定起重机的刚性指标，显然不符合起重机实际的使用要求，也不符合起重机制造者和用户的利益。

同理，起重机过大的振动，主要会影响司机的健康，但这种影响是与司机所感受到的振动的频率和司机在振动环境中的时间长短有关。因此，一般不宜简单地以对金属结构本身的振动指标的规定值来作为对起重机动态刚性最好的控制。

因此，在 ISO 22986∶2007《起重机—刚性—桥式和门式起重机》中建议按起重机的不同使用情况（指对定位精度的要求和控制系统的特性），相应地给出其主梁跨度与静挠度之比的允许范围。

在现行国家标准《起重机设计规范》GB/T 3811 中，对起重机结构的静、动态刚性一般情况下也不作严格的规定，只要不影响起重机的正常使用和人身安全即可。需要时由起重机的设计者和起重机的用户商定，在标准中只给出了部分起重机静态刚性的推荐值。具体做法为：

（1）取消了起重机主梁上拱度的硬性规定，修订为由起重机的制造商依据经验掌握或按起重机用户的需求确定，只要在静载试验后主梁的上拱度不小于零，且无永久变形即可；

（2）取消了按起重机的工作级别确定主梁静刚度的规定，修订为按起重机主梁的静刚度与起重机跨度的关系确定，同时给出了由定位精度的要求和控制系统的特性共同确定的一组推荐值。

实现起重机定位精度的途径为：

（1）采用不同完善程度的调速控制系统；

（2）采用不同的起重机结构静态刚度指标。

两者关系具有互补性，可以分别或配合使用，其规律为：起重机配属调速控制系统完善程度越高，对结构静态刚性要求可以越低。

## 三、起重机主梁产生永久性下挠的原因及防止措施

起重机的主梁一旦设计完成，不管起重机的工作多频繁，是否经常满载，工作年限有多久，其静态刚性不会再变。但是起重机在工作一定年限后，焊接结构的主梁往往会产生永久性的下挠度，即发生了塑性变形。在静态刚性原本允许的弹性挠度上叠加上永久性的下挠度，就可能会影响起重机的安全使用。因此，要求弹性挠度小一些（即提高刚性），避免到一定年限后无法使用。这当然也是一种方法，但不合理，经济上也不合算。因此，应该分析一下永久下挠度产生的原因，并采取有效措施来解决此问题。

焊接主梁中存在的残余应力，其值一般可达到钢材屈服极限的0.3～0.4倍或更高，其中有拉应力也有压应力。当外力作用下的主梁截面内产生的同向应力（主要是拉应力）大于钢材的屈服极限减去残余应力的区域时，焊接主梁就会出现永久性的塑性变形。若同向应力低于钢材的屈服极限减去残余应力的区域时，焊接主梁则不会产生永久性的塑性变形。故将工作应

力控制在钢材的屈服极限减去残余应力的区域内，即可防止主梁的永久性下挠。

归纳起来，改善主梁永久性下挠度的措施有：

（1）消除不利的残余应力；

（2）存在残余应力时，将工作应力控制在钢材的屈服极限减去残余应力的区域之内；

（3）增大预拱度。

**四、对弹性变形的基本要求**

起重机结构的弹性变形不应：

（1）引起周围环境物体与结构和起重机或小车、吊运车碰撞；

（2）阻止小车、吊运车在所设计的驱动、制动系统的启动和制动时在任何载荷下不超过动力试验载荷；

（3）避免小车、吊运车保持安全地在任何负载下某一位置不超过静力试验载荷；

（4）引起对起重机轨道和导向装置的过度横向力或阻止起重机移动；

（5）引起机械传动装置的失调，如：无法接受的部件寿命，过度的振动、磨耗或制动器损坏。

# 第五篇　施工质量记录参考样表

**表 5-1　设备开箱检验记录**

编号：

| 建设单位 | | 工程名称 | |
|---|---|---|---|
| 设备名称 | | 规格型号 | |
| 出厂编号 | | 制造厂商 | |
| 安装地点 | | 装箱单号 | |
| 设备<br>检查情况 | 1. 包装情况<br>2. 设备外观<br>3. 设备零部件<br>4. 其他 | | |
| 技术文件<br>检查情况 | 1. 装箱单　份　张<br>2. 合格证　份　张<br>3. 说明书　份　张<br>4. 设备图　份　张<br>5. 其他 | | |
| 存在问题<br>的处理意见 | | | |
| 建设单位：<br>年　月　日 | | 施工单位：<br>年　月　日 | |
| 保管员：<br>年　月　日 | | 技术员：<br>年　月　日 | |
| 质检员：<br>年　月　日 | | 施工班（组）：<br>年　月　日 | |

## 表 5-2　起重机轨道测量记录

编号：

<table>
<tr><td>建设单位</td><td></td><td>工程名称</td><td></td></tr>
<tr><td>安装地点</td><td></td><td>施工图号</td><td></td></tr>
<tr><td>轨道轴线</td><td>轴线轨道和　　轴线轨道</td><td>测点方向</td><td>由　　轴线至　　轴线</td></tr>
<tr><td>设计高度</td><td></td><td>设计跨度</td><td></td></tr>
<tr><td colspan="4">测点间隔及布置（测点间隔应≤2000mm）：<br><br>（示意图）</td></tr>
</table>

<table>
<tr><td rowspan="3">测点</td><td colspan="4">轴线轨道</td><td colspan="2">轨道跨度</td><td colspan="4">轴线轨道</td></tr>
<tr><td rowspan="2">轨高测量值</td><td rowspan="2">轨高误差</td><td colspan="2">轨道直线度</td><td rowspan="2">测量值</td><td rowspan="2">误差</td><td rowspan="2">轨高测量值</td><td rowspan="2">轨高误差</td><td colspan="2">轨道直线度</td></tr>
<tr><td>垂直</td><td>水平</td><td>垂直</td><td>水平</td></tr>
<tr><td>1</td><td></td><td></td><td></td><td></td><td></td><td></td><td></td><td></td><td></td><td></td></tr>
<tr><td>2</td><td></td><td></td><td></td><td></td><td></td><td></td><td></td><td></td><td></td><td></td></tr>
<tr><td>3</td><td></td><td></td><td></td><td></td><td></td><td></td><td></td><td></td><td></td><td></td></tr>
<tr><td>4</td><td></td><td></td><td></td><td></td><td></td><td></td><td></td><td></td><td></td><td></td></tr>
<tr><td>5</td><td></td><td></td><td></td><td></td><td></td><td></td><td></td><td></td><td></td><td></td></tr>
<tr><td>6</td><td></td><td></td><td></td><td></td><td></td><td></td><td></td><td></td><td></td><td></td></tr>
<tr><td>7</td><td></td><td></td><td></td><td></td><td></td><td></td><td></td><td></td><td></td><td></td></tr>
<tr><td>8</td><td></td><td></td><td></td><td></td><td></td><td></td><td></td><td></td><td></td><td></td></tr>
<tr><td>9</td><td></td><td></td><td></td><td></td><td></td><td></td><td></td><td></td><td></td><td></td></tr>
</table>

<table>
<tr><td colspan="3">建设单位：<br>年　月　日</td><td colspan="3">施工单位：<br>年　月　日</td></tr>
<tr><td colspan="2">质检员：<br>年　月　日</td><td colspan="2">技术员：<br>年　月　日</td><td colspan="2">施工班（组）：<br>年　月　日</td></tr>
</table>

## 表 5-3　起重机轨道安装记录

编号：

<table>
<tr><td>建设单位</td><td colspan="2"></td><td>工程名称</td><td></td></tr>
<tr><td>安装地点</td><td colspan="2"></td><td>施工图号</td><td></td></tr>
<tr><td>设计高度</td><td colspan="2"></td><td>设计跨度</td><td></td></tr>
<tr><td>轨道轴线</td><td colspan="2">轴线轨道和　　轴线轨道</td><td>钢轨型号</td><td></td></tr>
<tr><td>序号</td><td colspan="2">检　测　项　目</td><td>允许偏差（mm）</td><td>实际偏差（mm）</td></tr>
<tr><td>1</td><td colspan="2">轨道中心线与起重机梁中心线位置的偏移</td><td>见 GB 50278—2010 第 3.0.3 条</td><td></td></tr>
<tr><td rowspan="2">2</td><td rowspan="2">轨道中心线与安装基准线的水平位置偏差</td><td>悬挂起重机</td><td>同上</td><td></td></tr>
<tr><td>其他</td><td>同上</td><td></td></tr>
<tr><td>3</td><td colspan="2">轨道跨度允许偏差</td><td>见 GB 50278—2010 第 3.0.6 条</td><td></td></tr>
<tr><td rowspan="2">4</td><td rowspan="2">轨道顶面标高与其设计标高的位置偏差</td><td>悬挂起重机</td><td>见 GB 50278—2010 第 3.0.4 条</td><td></td></tr>
<tr><td>其他</td><td>同上</td><td></td></tr>
<tr><td rowspan="2">5</td><td rowspan="2">同一截面内两平行轨道标高相对差</td><td>悬挂起重机</td><td>同上</td><td></td></tr>
<tr><td>其他</td><td>同上</td><td></td></tr>
<tr><td rowspan="2">6</td><td rowspan="2">轨道在每 2m 检测长度上的弯曲</td><td>平面内</td><td>见 GB 50278—2010 第 3.0.5 条</td><td></td></tr>
<tr><td>立面内</td><td>同上</td><td></td></tr>
<tr><td>7</td><td colspan="2">两平行轨道接头错开的距离</td><td>见 GB 50278—2010 第 3.0.7 条</td><td></td></tr>
<tr><td rowspan="3">8</td><td rowspan="3">轨道接头错位、间隙</td><td>鱼尾板连接的错位</td><td>见 GB 50278—2010 第 3.0.8 条</td><td></td></tr>
<tr><td>鱼尾板连接的间隙</td><td>同上</td><td></td></tr>
<tr><td>伸缩缝间隙偏差</td><td>见施工图</td><td></td></tr>
<tr><td>9</td><td colspan="2">螺母防松形式及紧固情况</td><td>见 GB 50278—2010 第 3.0.13 条</td><td></td></tr>
<tr><td rowspan="2">10</td><td rowspan="2">细石混凝土垫层</td><td>混凝土强度等级</td><td>见施工图</td><td></td></tr>
<tr><td>垫层厚度</td><td>见 GB 50278—2010 第 3.0.10 条</td><td></td></tr>
<tr><td>11</td><td colspan="2">其他（双方协商）</td><td>双方协商</td><td></td></tr>
<tr><td colspan="5">说明：</td></tr>
<tr><td colspan="3">建设单位：<br>年　月　日</td><td colspan="2">施工单位：<br>年　月　日</td></tr>
<tr><td colspan="2">质检员：<br>年　月　日</td><td colspan="2">技术员：<br>年　月　日</td><td>施工班（组）：<br>年　月　日</td></tr>
</table>

### 表5-4　电动单梁起重机安装记录

编号：

<table>
<tr><td>建设单位</td><td colspan="2"></td><td>工程名称</td><td colspan="2"></td></tr>
<tr><td>设备名称</td><td colspan="2"></td><td>规格型号</td><td colspan="2"></td></tr>
<tr><td>出厂编号</td><td colspan="2"></td><td>制造厂商</td><td colspan="2"></td></tr>
<tr><td>安装地点</td><td colspan="2"></td><td>施工图号</td><td colspan="2"></td></tr>
<tr><td>序号</td><td colspan="3">检　查　项　目</td><td>允许偏差<br>（mm）</td><td>实际偏差<br>（mm）</td></tr>
<tr><td>1</td><td colspan="3">起重机跨度</td><td>见 GB 50278—2010<br>第5.0.4条</td><td></td></tr>
<tr><td>2</td><td colspan="3">主梁上拱度</td><td>由制造商给出</td><td></td></tr>
<tr><td>3</td><td colspan="3">对角线的相对差</td><td>见 GB 50278—2010<br>第5.0.4条</td><td></td></tr>
<tr><td>4</td><td colspan="3">主梁水平弯曲</td><td>同上</td><td></td></tr>
<tr><td>5</td><td colspan="3">电动葫芦车轮轮缘内侧与轨道下翼缘边缘的间隙</td><td>见 GB 50278—2010<br>第4.0.1条</td><td></td></tr>
<tr><td>6</td><td colspan="3">其他（双方协商）</td><td>双方协商</td><td></td></tr>
<tr><td colspan="6">说明：</td></tr>
<tr><td colspan="3">建设单位：<br>年　月　日</td><td colspan="3">施工单位：<br>年　月　日</td></tr>
<tr><td colspan="2">质检员：<br>年　月　日</td><td colspan="2">技术员：<br>年　月　日</td><td colspan="2">施工班（组）：<br>年　月　日</td></tr>
</table>

## 表 5-5　电动悬挂起重机安装记录

编号：

<table>
<tr><td>建设单位</td><td colspan="2"></td><td>工程名称</td><td colspan="2"></td></tr>
<tr><td>设备名称</td><td colspan="2"></td><td>规格型号</td><td colspan="2"></td></tr>
<tr><td>出厂编号</td><td colspan="2"></td><td>制造厂商</td><td colspan="2"></td></tr>
<tr><td>安装地点</td><td colspan="2"></td><td>施工图号</td><td colspan="2"></td></tr>
<tr><td>序号</td><td colspan="2">检　查　项　目</td><td colspan="2">允许偏差<br>（mm）</td><td>实际偏差<br>（mm）</td></tr>
<tr><td>1</td><td colspan="2">起重机跨度</td><td colspan="2">见 GB 50278—2010<br>第 5.0.5 条</td><td></td></tr>
<tr><td>2</td><td colspan="2">主梁上拱度</td><td colspan="2">由制造商给出</td><td></td></tr>
<tr><td>3</td><td colspan="2">对角线的相对差</td><td colspan="2">见 GB 50278—2010<br>第 5.0.5 条</td><td></td></tr>
<tr><td rowspan="2">4</td><td rowspan="2">小车轨距</td><td>跨中</td><td colspan="2">同上</td><td></td></tr>
<tr><td>跨端</td><td colspan="2">同上</td><td></td></tr>
<tr><td>5</td><td colspan="2">同一截面上小车轨道高低差</td><td colspan="2">同上</td><td></td></tr>
<tr><td>6</td><td colspan="2">主梁水平弯曲</td><td colspan="2">同上</td><td></td></tr>
<tr><td rowspan="2">7</td><td rowspan="2">大车车轮与工字钢轨道的间隙</td><td>车轮轮缘</td><td colspan="2">见 GB 50278—2010<br>第 5.0.6 条</td><td></td></tr>
<tr><td>水平导向轮</td><td colspan="2">同上</td><td></td></tr>
<tr><td>8</td><td colspan="2">电动葫芦车轮轮缘内侧与轨道下翼缘边缘的间隙</td><td colspan="2">见 GB 50278—2010<br>第 4.0.1 条</td><td></td></tr>
<tr><td>9</td><td colspan="2">其他（双方协商）</td><td colspan="2">双方协商</td><td></td></tr>
<tr><td colspan="6">说明：</td></tr>
<tr><td colspan="3">建设单位：<br>年　月　日</td><td colspan="3">施工单位：<br>年　月　日</td></tr>
<tr><td colspan="2">质检员：<br>年　月　日</td><td colspan="2">技术员：<br>年　月　日</td><td colspan="2">施工班（组）：<br>年　月　日</td></tr>
</table>

## 表 5-6　电动葫芦桥式起重机安装记录

编号：

<table>
<tr><td>建设单位</td><td colspan="2"></td><td>工程名称</td><td colspan="2"></td></tr>
<tr><td>设备名称</td><td colspan="2"></td><td>规格型号</td><td colspan="2"></td></tr>
<tr><td>出厂编号</td><td colspan="2"></td><td>制造厂商</td><td colspan="2"></td></tr>
<tr><td>安装地点</td><td colspan="2"></td><td>施工图号</td><td colspan="2"></td></tr>
<tr><td>序号</td><td colspan="3">检　查　项　目</td><td>允许偏差<br>（mm）</td><td>实际偏差<br>（mm）</td></tr>
<tr><td>1</td><td colspan="3">起重机跨度</td><td>见 GB 50278—2010<br>第 6.0.1 条</td><td></td></tr>
<tr><td>2</td><td colspan="3">主梁上拱度</td><td>由制造商给出</td><td></td></tr>
<tr><td>3</td><td colspan="3">对角线的相对差</td><td>见 GB 50278—2010<br>第 6.0.1 条</td><td></td></tr>
<tr><td rowspan="2">4</td><td rowspan="2">小车轨距</td><td colspan="2">跨中</td><td>同上</td><td></td></tr>
<tr><td colspan="2">跨端</td><td>同上</td><td></td></tr>
<tr><td>5</td><td colspan="3">同一截面上小车轨道高低差</td><td>同上</td><td></td></tr>
<tr><td>6</td><td colspan="3">主梁水平弯曲</td><td>同上</td><td></td></tr>
<tr><td>7</td><td colspan="3">其他（双方协商）</td><td>双方协商</td><td></td></tr>
<tr><td colspan="6">说明：</td></tr>
<tr><td colspan="3">建设单位：<br>年　月　日</td><td colspan="3">施工单位：<br>年　月　日</td></tr>
<tr><td colspan="2">质检员：<br>年　月　日</td><td colspan="2">技术员：<br>年　月　日</td><td colspan="2">施工班（组）：<br>年　月　日</td></tr>
</table>

## 表 5-7 通用桥式起重机安装记录

编号：

<table>
<tr><td>建设单位</td><td colspan="2"></td><td>工程名称</td><td colspan="2"></td></tr>
<tr><td>设备名称</td><td colspan="2"></td><td>规格型号</td><td colspan="2"></td></tr>
<tr><td>出厂编号</td><td colspan="2"></td><td>制造厂商</td><td colspan="2"></td></tr>
<tr><td>安装地点</td><td colspan="2"></td><td>施工图号</td><td colspan="2"></td></tr>
<tr><td>序号</td><td colspan="3">检 查 项 目</td><td>允许偏差<br>（mm）</td><td>实际偏差<br>（mm）</td></tr>
<tr><td>1</td><td colspan="3">起重机跨度</td><td>见 GB 50278—2010<br>第 6.0.2 条</td><td></td></tr>
<tr><td>2</td><td colspan="3">起重机跨度的相对差</td><td>同上</td><td></td></tr>
<tr><td>3</td><td colspan="3">主梁上拱度</td><td>由制造商给出</td><td></td></tr>
<tr><td>4</td><td colspan="3">对角线的相对差</td><td>见 GB 50278—2010<br>第 6.0.2 条</td><td></td></tr>
<tr><td rowspan="2">5</td><td rowspan="2">小车轨距</td><td colspan="2">跨中</td><td>同上</td><td></td></tr>
<tr><td colspan="2">跨端</td><td>同上</td><td></td></tr>
<tr><td>6</td><td colspan="3">同一截面上小车轨道高低差</td><td>同上</td><td></td></tr>
<tr><td>7</td><td colspan="3">主梁水平弯曲</td><td>同上</td><td></td></tr>
<tr><td>8</td><td colspan="3">其他（双方协商）</td><td>双方协商</td><td></td></tr>
<tr><td colspan="6">说明：</td></tr>
<tr><td colspan="3">建设单位：<br>年 月 日</td><td colspan="3">施工单位：<br>年 月 日</td></tr>
<tr><td colspan="2">质检员：<br>年 月 日</td><td colspan="2">技术员：<br>年 月 日</td><td colspan="2">施工班（组）：<br>年 月 日</td></tr>
</table>

## 表 5-8　冶金起重机安装记录

编号：

<table>
<tr><td>建设单位</td><td colspan="2"></td><td>工程名称</td><td colspan="2"></td></tr>
<tr><td>设备名称</td><td colspan="2"></td><td>规格型号</td><td colspan="2"></td></tr>
<tr><td>出厂编号</td><td colspan="2"></td><td>制造厂商</td><td colspan="2"></td></tr>
<tr><td>安装地点</td><td colspan="2"></td><td>施工图号</td><td colspan="2"></td></tr>
<tr><td>序号</td><td colspan="3">检　查　项　目</td><td>允许偏差<br>（mm）</td><td>实际偏差<br>（mm）</td></tr>
<tr><td>1</td><td colspan="3">起重机跨度</td><td>见 GB 50278—2010<br>第 6.0.3 条</td><td></td></tr>
<tr><td>2</td><td colspan="3">起重机跨度的相对差</td><td>同上</td><td></td></tr>
<tr><td>3</td><td colspan="3">主梁上拱度</td><td>由制造商给出</td><td></td></tr>
<tr><td>4</td><td colspan="3">对角线的相对差</td><td>见随机技术文件</td><td></td></tr>
<tr><td rowspan="2">5</td><td rowspan="2" colspan="2">小车轨距</td><td>跨中</td><td>同上</td><td></td></tr>
<tr><td>跨端</td><td>同上</td><td></td></tr>
<tr><td>6</td><td colspan="3">同一截面上小车轨道高低差</td><td>见 GB 50278—2010<br>第 6.0.3 条</td><td></td></tr>
<tr><td>7</td><td colspan="3">主梁水平弯曲</td><td>见随机技术文件</td><td></td></tr>
<tr><td>8</td><td colspan="3">工作装置</td><td>同上</td><td></td></tr>
<tr><td>9</td><td colspan="3">其他（双方协商）</td><td>双方协商</td><td></td></tr>
<tr><td colspan="6">说明：</td></tr>
<tr><td colspan="3">建设单位：<br>年　　月　　日</td><td colspan="3">施工单位：<br>年　　月　　日</td></tr>
<tr><td colspan="2">质检员：<br>年　　月　　日</td><td colspan="2">技术员：<br>年　　月　　日</td><td colspan="2">施工班（组）：<br>年　　月　　日</td></tr>
</table>

### 表 5-9　电动葫芦门式起重机安装记录

编号：

<table>
<tr><td>建设单位</td><td colspan="2"></td><td>工程名称</td><td colspan="2"></td></tr>
<tr><td>设备名称</td><td colspan="2"></td><td>规格型号</td><td colspan="2"></td></tr>
<tr><td>出厂编号</td><td colspan="2"></td><td>制造厂商</td><td colspan="2"></td></tr>
<tr><td>安装地点</td><td colspan="2"></td><td>施工图号</td><td colspan="2"></td></tr>
<tr><td>序号</td><td colspan="3">检　查　项　目</td><td>允许偏差（mm）</td><td>实际偏差（mm）</td></tr>
<tr><td>1</td><td colspan="3">起重机跨度</td><td>见 GB 50278—2010 第 7.0.1 条</td><td></td></tr>
<tr><td>2</td><td colspan="3">起重机跨度的相对差</td><td>同上</td><td></td></tr>
<tr><td>3</td><td colspan="3">主梁上拱度</td><td>由制造商给出</td><td></td></tr>
<tr><td rowspan="2">4</td><td rowspan="2">小车轨距</td><td colspan="2">跨中</td><td>见 GB 50278—2010 第 7.0.1 条</td><td></td></tr>
<tr><td colspan="2">跨端</td><td>同上</td><td></td></tr>
<tr><td>5</td><td colspan="3">主梁水平弯曲</td><td>同上</td><td></td></tr>
<tr><td>6</td><td colspan="3">电动葫芦车轮轮缘内侧与轨道下翼缘边缘的间隙</td><td>见 GB 50278—2010 第 4.0.1 条</td><td></td></tr>
<tr><td>7</td><td colspan="3">其他（双方协商）</td><td>双方协商</td><td></td></tr>
<tr><td colspan="6">说明：</td></tr>
<tr><td colspan="3">建设单位：<br>年　月　日</td><td colspan="3">施工单位：<br>年　月　日</td></tr>
<tr><td colspan="2">质检员：<br>年　月　日</td><td colspan="2">技术员：<br>年　月　日</td><td colspan="2">施工班（组）：<br>年　月　日</td></tr>
</table>

**表 5-10　通用门式起重机安装记录**

编号：

<table>
<tr><td>建设单位</td><td colspan="2"></td><td>工程名称</td><td colspan="2"></td></tr>
<tr><td>设备名称</td><td colspan="2"></td><td>规格型号</td><td colspan="2"></td></tr>
<tr><td>出厂编号</td><td colspan="2"></td><td>制造厂商</td><td colspan="2"></td></tr>
<tr><td>安装地点</td><td colspan="2"></td><td>施工图号</td><td colspan="2"></td></tr>
<tr><td>序号</td><td colspan="3">检　查　项　目</td><td>允许偏差（mm）</td><td>实际偏差（mm）</td></tr>
<tr><td>1</td><td colspan="3">起重机跨度</td><td>见 GB 50278—2010 第 7.0.2 条</td><td></td></tr>
<tr><td>2</td><td colspan="3">起重机跨度的相对差</td><td>同上</td><td></td></tr>
<tr><td>3</td><td colspan="3">主梁上拱度</td><td>由制造商给出</td><td></td></tr>
<tr><td>4</td><td colspan="3">对角线的相对差</td><td>见 GB 50278—2010 第 7.0.2 条</td><td></td></tr>
<tr><td rowspan="2">5</td><td rowspan="2">小车轨距</td><td colspan="2">跨中</td><td>同上</td><td></td></tr>
<tr><td colspan="2">跨端</td><td>同上</td><td></td></tr>
<tr><td>6</td><td colspan="3">同一截面上小车轨道高低差</td><td>同上</td><td></td></tr>
<tr><td>7</td><td colspan="3">主梁水平弯曲</td><td>同上</td><td></td></tr>
<tr><td>8</td><td colspan="3">其他（双方协商）</td><td>双方协商</td><td></td></tr>
<tr><td colspan="6">说明：</td></tr>
<tr><td colspan="3">建设单位：<br>年　月　日</td><td colspan="3">施工单位：<br>年　月　日</td></tr>
<tr><td colspan="2">质检员：<br>年　月　日</td><td colspan="2">技术员：<br>年　月　日</td><td colspan="2">施工班（组）：<br>年　月　日</td></tr>
</table>

## 表 5-11　起重机试运转记录

编号：

<table>
<tr><td>建设单位</td><td colspan="2"></td><td>工程名称</td><td colspan="2"></td></tr>
<tr><td>设备名称</td><td colspan="2"></td><td>规格型号</td><td colspan="2"></td></tr>
<tr><td>出厂编号</td><td colspan="2"></td><td>制造厂商</td><td colspan="2"></td></tr>
<tr><td>安装地点</td><td colspan="2"></td><td>施工图号</td><td colspan="2"></td></tr>
<tr><td colspan="6">设备检查情况及环境状况：</td></tr>
<tr><td colspan="6">起升机构运转情况、时间及结论：</td></tr>
<tr><td colspan="6">起升机构运转情况、时间及结论：</td></tr>
<tr><td colspan="6">大车运行机构运转情况、时间及结论：</td></tr>
<tr><td colspan="6">小车运行机构运转情况、时间及结论：</td></tr>
<tr><td colspan="6">结构检查情况及结论：</td></tr>
<tr><td colspan="6">轨道检查情况及结论：</td></tr>
<tr><td colspan="6">其他：</td></tr>
<tr><td colspan="3">建设单位：<br>年　月　日</td><td colspan="3">施工单位：<br>年　月　日</td></tr>
<tr><td colspan="2">质检员：<br>年　月　日</td><td colspan="2">技术员：<br>年　月　日</td><td colspan="2">施工班（组）：<br>年　月　日</td></tr>
</table>

# 附录 相关法律、文件

## 特种设备安全监察条例

### 第一章 总 则

**第一条** 为了加强特种设备的安全监察，防止和减少事故，保障人民群众生命和财产安全，促进经济发展，制定本条例。

**第二条** 本条例所称特种设备是指涉及生命安全、危险性较大的锅炉、压力容器（含气瓶，下同）、压力管道、电梯、起重机械、客运索道、大型游乐设施和场（厂）内专用机动车辆。

前款特种设备的目录由国务院负责特种设备安全监督管理的部门（以下简称国务院特种设备安全监督管理部门）制订，报国务院批准后执行。

**第三条** 特种设备的生产（含设计、制造、安装、改造、维修，下同）、使用、检验检测及其监督检查，应当遵守本条例，但本条例另有规定的除外。

军事装备、核设施、航空航天器、铁路机车、海上设施和船舶以及矿山井下使用的特种设备、民用机场专用设备的安全监察不适用本条例。

房屋建筑工地和市政工程工地用起重机械、场（厂）内专用机动车辆的安装、使用的监督管理，由建设行政主管部门依照有关法律、法规的规定执行。

**第四条** 国务院特种设备安全监督管理部门负责全国特种设备的安全监察工作，县以上地方负责特种设备安全监督管理的部门对本行政区域内特种设备实施安全监察（以下统称特种设备安全监督管理部门）。

**第五条** 特种设备生产、使用单位应当建立健全特种设备安全、节能管理制度和岗位安全、节能责任制度。

特种设备生产、使用单位的主要负责人应当对本单位特种设备的安全和节能全面负责。

特种设备生产、使用单位和特种设备检验检测机构，应当接受特种设备安全监督管理部门依法进行的特种设备安全监察。

**第六条** 特种设备检验检测机构，应当依照本条例规定，进行检验检测工作，对其检验检测结果、鉴定结论承担法律责任。

**第七条** 县级以上地方人民政府应当督促、支持特种设备安全监督管理部门依法履行安全监察职责，对特种设备安全监察中存在的重大问题及时予以协调、解决。

**第八条** 国家鼓励推行科学的管理方法，采用先进技术，提高特种设备安全性能和管理水平，增强特种设备生产、使用单位防范事故的能力，对取得显著成绩的单位和个人，给予奖励。

国家鼓励特种设备节能技术的研究、开发、示范和推广，促进特种设备节能技术创新和应用。

特种设备生产、使用单位和特种设备检验检测机构，应当保证必要的安全和节能投入。

国家鼓励实行特种设备责任保险制度，提高事故赔付能力。

**第九条** 任何单位和个人对违反本条例规定的行为，有权向特种设备安全监督管理部门和行政监察等有关部门举报。

特种设备安全监督管理部门应当建立特种设备安全监察举报制度，公布举报电话、信箱或者电子邮件地址，受理对特种设备生产、使用和检验检测违法行为的举报，并及时予以处理。

特种设备安全监督管理部门和行政监察等有关部门应当为举报人保密，并按照国家有关规定给予奖励。

## 第二章 特种设备的生产

**第十条** 特种设备生产单位，应当依照本条例规定以及国务院特种设备安全监督管理部门制订并公布的安全技术规范

（以下简称安全技术规范）的要求，进行生产活动。

特种设备生产单位对其生产的特种设备的安全性能和能效指标负责，不得生产不符合安全性能要求和能效指标的特种设备，不得生产国家产业政策明令淘汰的特种设备。

**第十一条** 压力容器的设计单位应当经国务院特种设备安全监督管理部门许可，方可从事压力容器的设计活动。

压力容器的设计单位应当具备下列条件：

（一）有与压力容器设计相适应的设计人员、设计审核人员；

（二）有与压力容器设计相适应的场所和设备；

（三）有与压力容器设计相适应的健全的管理制度和责任制度。

**第十二条** 锅炉、压力容器中的气瓶（以下简称气瓶）、氧舱和客运索道、大型游乐设施以及高耗能特种设备的设计文件，应当经国务院特种设备安全监督管理部门核准的检验检测机构鉴定，方可用于制造。

**第十三条** 按照安全技术规范的要求，应当进行型式试验的特种设备产品、部件或者试制特种设备新产品、新部件、新材料，必须进行型式试验和能效测试。

**第十四条** 锅炉、压力容器、电梯、起重机械、客运索道、大型游乐设施及其安全附件、安全保护装置的制造、安装、改造单位，以及压力管道用管子、管件、阀门、法兰、补偿器、安全保护装置等（以下简称压力管道元件）的制造单位和场（厂）内专用机动车辆的制造、改造单位，应当经国务院特种设备安全监督管理部门许可，方可从事相应的活动。

前款特种设备的制造、安装、改造单位应当具备下列条件：

（一）有与特种设备制造、安装、改造相适应的专业技术人员和技术工人；

（二）有与特种设备制造、安装、改造相适应的生产条件和检测手段；

（三）有健全的质量管理制度和责任制度。

**第十五条** 特种设备出厂时，应当附有安全技术规范要求的设计文件、产品质量合格证明、安装及使用维修说明、监督检验证明等文件。

**第十六条** 锅炉、压力容器、电梯、起重机械、客运索道、大型游乐设施、场（厂）内专用机动车辆的维修单位，应当有与特种设备维修相适应的专业技术人员和技术工人以及必要的检测手段，并经省、自治区、直辖市特种设备安全监督管理部门许可，方可从事相应的维修活动。

**第十七条** 锅炉、压力容器、起重机械、客运索道、大型游乐设施的安装、改造、维修以及场（厂）内专用机动车辆的改造、维修，必须由依照本条例取得许可的单位进行。

电梯的安装、改造、维修，必须由电梯制造单位或者其通过合同委托、同意的依照本条例取得许可的单位进行。电梯制造单位对电梯质量以及安全运行涉及的质量问题负责。

特种设备安装、改造、维修的施工单位应当在施工前将拟进行的特种设备安装、改造、维修情况书面告知直辖市或者设区的市的特种设备安全监督管理部门，告知后即可施工。

**第十八条** 电梯井道的土建工程必须符合建筑工程质量要求。电梯安装施工过程中，电梯安装单位应当遵守施工现场的安全生产要求，落实现场安全防护措施。电梯安装施工过程中，施工现场的安全生产监督，由有关部门依照有关法律、行政法规的规定执行。

电梯安装施工过程中，电梯安装单位应当服从建筑施工总承包单位对施工现场的安全生产管理，并订立合同，明确各自的安全责任。

**第十九条** 电梯的制造、安装、改造和维修活动，必须严格遵守安全技术规范的要求。电梯制造单位委托或者同意其他单位进行电梯安装、改造、维修活动的，应当对其安装、改造、维修活动进行安全指导和监控。电梯的安装、改造、维修活动结束后，电梯制造单位应当按照安全技术规范的要求对电梯进行校验和调试，并对校验和调试的结果负责。

**第二十条** 锅炉、压力容器、电梯、起重机械、客运索道、大型游乐设施的安装、改造、维修以及场（厂）内专用机动车辆的改造、维修竣工后，安装、改造、维修的施工单位应当在验收后30日内将有关技术资料移交使用单位，高耗能特种设备还应当按照安全技术规范的要求提交能效测试报告。使用单位应当将其存入该特种设备的安全技术档案。

**第二十一条** 锅炉、压力容器、压力管道元件、起重机械、大型游乐设施的制造过程和锅炉、压力容器、电梯、起重机械、客运索道、大型游乐设施的安装、改造、重大维修过程，必须经国务院特种设备安全监督管理部门核准的检验检测机构按照安全技术规范的要求进行监督检验；未经监督检验合格的不得出厂或者交付使用。

**第二十二条** 移动式压力容器、气瓶充装单位应当经省、自治区、直辖市的特种设备安全监督管理部门许可，方可从事充装活动。

充装单位应当具备下列条件：

（一）有与充装和管理相适应的管理人员和技术人员；

（二）有与充装和管理相适应的充装设备、检测手段、场地厂房、器具、安全设施；

（三）有健全的充装管理制度、责任制度、紧急处理措施。

气瓶充装单位应当向气体使用者提供符合安全技术规范要求的气瓶，对使用者进行气瓶安全使用指导，并按照安全技术规范的要求办理气瓶使用登记，提出气瓶的定期检验要求。

## 第三章 特种设备的使用

**第二十三条** 特种设备使用单位，应当严格执行本条例和有关安全生产的法律、行政法规的规定，保证特种设备的安全使用。

**第二十四条** 特种设备使用单位应当使用符合安全技术规

范要求的特种设备。特种设备投入使用前，使用单位应当核对其是否附有本条例第十五条规定的相关文件。

**第二十五条** 特种设备在投入使用前或者投入使用后30日内，特种设备使用单位应当向直辖市或者设区的市的特种设备安全监督管理部门登记。登记标志应当置于或者附着于该特种设备的显著位置。

**第二十六条** 特种设备使用单位应当建立特种设备安全技术档案。安全技术档案应当包括以下内容：

（一）特种设备的设计文件、制造单位、产品质量合格证明、使用维护说明等文件以及安装技术文件和资料；

（二）特种设备的定期检验和定期自行检查的记录；

（三）特种设备的日常使用状况记录；

（四）特种设备及其安全附件、安全保护装置、测量调控装置及有关附属仪器仪表的日常维护保养记录；

（五）特种设备运行故障和事故记录；

（六）高耗能特种设备的能效测试报告、能耗状况记录以及节能改造技术资料。

**第二十七条** 特种设备使用单位应当对在用特种设备进行经常性日常维护保养，并定期自行检查。

特种设备使用单位对在用特种设备应当至少每月进行一次自行检查，并作出记录。特种设备使用单位在对在用特种设备进行自行检查和日常维护保养时发现异常情况的，应当及时处理。

特种设备使用单位应当对在用特种设备的安全附件、安全保护装置、测量调控装置及有关附属仪器仪表进行定期校验、检修，并作出记录。

锅炉使用单位应当按照安全技术规范的要求进行锅炉水（介）质处理，并接受特种设备检验检测机构实施的水（介）质处理定期检验。

从事锅炉清洗的单位，应当按照安全技术规范的要求进行锅炉清洗，并接受特种设备检验检测机构实施的锅炉清洗过程监督检验。

**第二十八条** 特种设备使用单位应当按照安全技术规范的定期检验要求，在安全检验合格有效期届满前 1 个月向特种设备检验检测机构提出定期检验要求。

检验检测机构接到定期检验要求后，应当按照安全技术规范的要求及时进行安全性能检验和能效测试。

未经定期检验或者检验不合格的特种设备，不得继续使用。

**第二十九条** 特种设备出现故障或者发生异常情况，使用单位应当对其进行全面检查，消除事故隐患后，方可重新投入使用。

特种设备不符合能效指标的，特种设备使用单位应当采取相应措施进行整改。

**第三十条** 特种设备存在严重事故隐患，无改造、维修价值，或者超过安全技术规范规定使用年限，特种设备使用单位应当及时予以报废，并应当向原登记的特种设备安全监督管理部门办理注销。

**第三十一条** 电梯的日常维护保养必须由依照本条例取得许可的安装、改造、维修单位或者电梯制造单位进行。

电梯应当至少每 15 日进行一次清洁、润滑、调整和检查。

**第三十二条** 电梯的日常维护保养单位应当在维护保养中严格执行国家安全技术规范的要求，保证其维护保养的电梯的安全技术性能，并负责落实现场安全防护措施，保证施工安全。

电梯的日常维护保养单位，应当对其维护保养的电梯的安全性能负责。接到故障通知后，应当立即赶赴现场，并采取必要的应急救援措施。

**第三十三条** 电梯、客运索道、大型游乐设施等为公众提供服务的特种设备运营使用单位，应当设置特种设备安全管理机构或者配备专职的安全管理人员；其他特种设备使用单位，应当根据情况设置特种设备安全管理机构或者配备专职、兼职的安全管理人员。

特种设备的安全管理人员应当对特种设备使用状况进行经常性检查，发现问题的应当立即处理；情况紧急时，可以决定停止使用特种设备并及时报告本单位有关负责人。

**第三十四条** 客运索道、大型游乐设施的运营使用单位在客运索道、大型游乐设施每日投入使用前，应当进行试运行和例行安全检查，并对安全装置进行检查确认。

电梯、客运索道、大型游乐设施的运营使用单位应当将电梯、客运索道、大型游乐设施的安全注意事项和警示标志置于易于为乘客注意的显著位置。

**第三十五条** 客运索道、大型游乐设施的运营使用单位的主要负责人应当熟悉客运索道、大型游乐设施的相关安全知识，并全面负责客运索道、大型游乐设施的安全使用。

客运索道、大型游乐设施的运营使用单位的主要负责人至少应当每月召开一次会议，督促、检查客运索道、大型游乐设施的安全使用工作。

客运索道、大型游乐设施的运营使用单位，应当结合本单位的实际情况，配备相应数量的营救装备和急救物品。

**第三十六条** 电梯、客运索道、大型游乐设施的乘客应当遵守使用安全注意事项的要求，服从有关工作人员的指挥。

**第三十七条** 电梯投入使用后，电梯制造单位应当对其制造的电梯的安全运行情况进行跟踪调查和了解，对电梯的日常维护保养单位或者电梯的使用单位在安全运行方面存在的问题，提出改进建议，并提供必要的技术帮助。发现电梯存在严重事故隐患的，应当及时向特种设备安全监督管理部门报告。电梯制造单位对调查和了解的情况，应当作出记录。

**第三十八条** 锅炉、压力容器、电梯、起重机械、客运索道、大型游乐设施、场（厂）内专用机动车辆的作业人员及其相关管理人员（以下统称特种设备作业人员），应当按照国家有关规定经特种设备安全监督管理部门考核合格，取得国家统一格式的特种作业人员证书，方可从事相应的作业或者管理工作。

**第三十九条** 特种设备使用单位应当对特种设备作业人员进行特种设备安全、节能教育和培训，保证特种设备作业人员具备必要的特种设备安全、节能知识。

特种设备作业人员在作业中应当严格执行特种设备的操作规程和有关的安全规章制度。

**第四十条** 特种设备作业人员在作业过程中发现事故隐患或者其他不安全因素，应当立即向现场安全管理人员和单位有关负责人报告。

## 第四章 检验检测

**第四十一条** 从事本条例规定的监督检验、定期检验、型式试验以及专门为特种设备生产、使用、检验检测提供无损检测服务的特种设备检验检测机构，应当经国务院特种设备安全监督管理部门核准。

特种设备使用单位设立的特种设备检验检测机构，经国务院特种设备安全监督管理部门核准，负责本单位核准范围内的特种设备定期检验工作。

**第四十二条** 特种设备检验检测机构，应当具备下列条件：

（一）有与所从事的检验检测工作相适应的检验检测人员；

（二）有与所从事的检验检测工作相适应的检验检测仪器和设备；

（三）有健全的检验检测管理制度、检验检测责任制度。

**第四十三条** 特种设备的监督检验、定期检验、型式试验和无损检测应当由依照本条例经核准的特种设备检验检测机构进行。

特种设备检验检测工作应当符合安全技术规范的要求。

**第四十四条** 从事本条例规定的监督检验、定期检验、型式试验和无损检测的特种设备检验检测人员应当经国务院特种设备安全监督管理部门组织考核合格，取得检验检测人员证书，方可从事检验检测工作。

检验检测人员从事检验检测工作，必须在特种设备检验检测机构执业，但不得同时在两个以上检验检测机构中执业。

**第四十五条** 特种设备检验检测机构和检验检测人员进行特种设备检验检测，应当遵循诚信原则和方便企业的原则，为特种设备生产、使用单位提供可靠、便捷的检验检测服务。

特种设备检验检测机构和检验检测人员对涉及的被检验检测单位的商业秘密，负有保密义务。

**第四十六条** 特种设备检验检测机构和检验检测人员应当客观、公正、及时地出具检验检测结果、鉴定结论。检验检测结果、鉴定结论经检验检测人员签字后，由检验检测机构负责人签署。

特种设备检验检测机构和检验检测人员对检验检测结果、鉴定结论负责。

国务院特种设备安全监督管理部门应当组织对特种设备检验检测机构的检验检测结果、鉴定结论进行监督抽查。县以上地方负责特种设备安全监督管理的部门在本行政区域内也可以组织监督抽查，但是要防止重复抽查。监督抽查结果应当向社会公布。

**第四十七条** 特种设备检验检测机构和检验检测人员不得从事特种设备的生产、销售，不得以其名义推荐或者监制、监销特种设备。

**第四十八条** 特种设备检验检测机构进行特种设备检验检测，发现严重事故隐患或者能耗严重超标的，应当及时告知特种设备使用单位，并立即向特种设备安全监督管理部门报告。

**第四十九条** 特种设备检验检测机构和检验检测人员利用检验检测工作故意刁难特种设备生产、使用单位，特种设备生产、使用单位有权向特种设备安全监督管理部门投诉，接到投诉的特种设备安全监督管理部门应当及时进行调查处理。

## 第五章 监督检查

**第五十条** 特种设备安全监督管理部门依照本条例规定，

对特种设备生产、使用单位和检验检测机构实施安全监察。

对学校、幼儿园以及车站、客运码头、商场、体育场馆、展览馆、公园等公众聚集场所的特种设备，特种设备安全监督管理部门应当实施重点安全监察。

**第五十一条** 特种设备安全监督管理部门根据举报或者取得的涉嫌违法证据，对涉嫌违反本条例规定的行为进行查处时，可以行使下列职权：

（一）向特种设备生产、使用单位和检验检测机构的法定代表人、主要负责人和其他有关人员调查、了解与涉嫌从事违反本条例的生产、使用、检验检测有关的情况；

（二）查阅、复制特种设备生产、使用单位和检验检测机构的有关合同、发票、账簿以及其他有关资料；

（三）对有证据表明不符合安全技术规范要求的或者有其他严重事故隐患、能耗严重超标的特种设备，予以查封或者扣押。

**第五十二条** 依照本条例规定实施许可、核准、登记的特种设备安全监督管理部门，应当严格依照本条例规定条件和安全技术规范要求对有关事项进行审查；不符合本条例规定条件和安全技术规范要求的，不得许可、核准、登记；在申请办理许可、核准期间，特种设备安全监督管理部门发现申请人未经许可从事特种设备相应活动或者伪造许可、核准证书的，不予受理或者不予许可、核准，并在1年内不再受理其新的许可、核准申请。

未依法取得许可、核准、登记的单位擅自从事特种设备的生产、使用或者检验检测活动的，特种设备安全监督管理部门应当依法予以处理。

违反本条例规定，被依法撤销许可的，自撤销许可之日起3年内，特种设备安全监督管理部门不予受理其新的许可申请。

**第五十三条** 特种设备安全监督管理部门在办理本条例规定的有关行政审批事项时，其受理、审查、许可、核准的程序必须公开，并应当自受理申请之日起30日内，作出许可、核准或者不予许可、核准的决定；不予许可、核准的，应当书面向申请人说明理由。

**第五十四条** 地方各级特种设备安全监督管理部门不得以任何形式进行地方保护和地区封锁，不得对已经依照本条例规定在其他地方取得许可的特种设备生产单位重复进行许可，也不得要求对依照本条例规定在其他地方检验检测合格的特种设备，重复进行检验检测。

**第五十五条** 特种设备安全监督管理部门的安全监察人员（以下简称特种设备安全监察人员）应当熟悉相关法律、法规、规章和安全技术规范，具有相应的专业知识和工作经验，并经国务院特种设备安全监督管理部门考核，取得特种设备安全监察人员证书。

特种设备安全监察人员应当忠于职守、坚持原则、秉公执法。

**第五十六条** 特种设备安全监督管理部门对特种设备生产、使用单位和检验检测机构实施安全监察时，应当有两名以上特种设备安全监察人员参加，并出示有效的特种设备安全监察人员证件。

**第五十七条** 特种设备安全监督管理部门对特种设备生产、使用单位和检验检测机构实施安全监察，应当对每次安全监察的内容、发现的问题及处理情况，作出记录，并由参加安全监察的特种设备安全监察人员和被检查单位的有关负责人签字后归档。被检查单位的有关负责人拒绝签字的，特种设备安全监察人员应当将情况记录在案。

**第五十八条** 特种设备安全监督管理部门对特种设备生产、使用单位和检验检测机构进行安全监察时，发现有违反本条例规定和安全技术规范要求的行为或者在用的特种设备存在事故隐患、不符合能效指标的，应当以书面形式发出特种设备安全监察指令，责令有关单位及时采取措施，予以改正或者消除事故隐患。紧急情况下需要采取紧急处置措施的，应当随后补发书面通知。

**第五十九条** 特种设备安全监督管理部门对特种设备生产、使用单位和检验检测机构进行安全监察，发现重大违法行为或者严重事故隐患时，应当在采取必要措施的同时，及时向上级特种设备安全监督管理部门报告。接到报告的特种设备安全监督管理部门应当采取必要措施，及时予以处理。

对违法行为、严重事故隐患或者不符合能效指标的处理需要当地人民政府和有关部门的支持、配合时，特种设备安全监督管理部门应当报告当地人民政府，并通知其他有关部门。当地人民政府和其他有关部门应当采取必要措施，及时予以处理。

**第六十条** 国务院特种设备安全监督管理部门和省、自治区、直辖市特种设备安全监督管理部门应当定期向社会公布特种设备安全以及能效状况。

公布特种设备安全以及能效状况，应当包括下列内容：

（一）特种设备质量安全状况；

（二）特种设备事故的情况、特点、原因分析、防范对策；

（三）特种设备能效状况；

（四）其他需要公布的情况。

## 第六章 事故预防和调查处理

**第六十一条** 有下列情形之一的，为特别重大事故：

（一）特种设备事故造成 30 人以上死亡，或者 100 人以上重伤（包括急性工业中毒，下同），或者 1 亿元以上直接经济损失的；

（二）600 兆瓦以上锅炉爆炸的；

（三）压力容器、压力管道有毒介质泄漏，造成 15 万人以上转移的；

（四）客运索道、大型游乐设施高空滞留 100 人以上并且时间在 48 小时以上的。

**第六十二条** 有下列情形之一的，为重大事故：

（一）特种设备事故造成 10 人以上 30 人以下死亡，或者 50

人以上100人以下重伤，或者5000万元以上1亿元以下直接经济损失的；

（二）600兆瓦以上锅炉因安全故障中断运行240小时以上的；

（三）压力容器、压力管道有毒介质泄漏，造成5万人以上15万人以下转移的；

（四）客运索道、大型游乐设施高空滞留100人以上并且时间在24小时以上48小时以下的。

**第六十三条** 有下列情形之一的，为较大事故：

（一）特种设备事故造成3人以上10人以下死亡，或者10人以上50人以下重伤，或者1000万元以上5000万元以下直接经济损失的；

（二）锅炉、压力容器、压力管道爆炸的；

（三）压力容器、压力管道有毒介质泄漏，造成1万人以上5万人以下转移的；

（四）起重机械整体倾覆的；

（五）客运索道、大型游乐设施高空滞留人员12小时以上的。

**第六十四条** 有下列情形之一的，为一般事故：

（一）特种设备事故造成3人以下死亡，或者10人以下重伤，或者1万元以上1000万元以下直接经济损失的；

（二）压力容器、压力管道有毒介质泄漏，造成500人以上1万人以下转移的；

（三）电梯轿厢滞留人员2小时以上的；

（四）起重机械主要受力结构件折断或者起升机构坠落的；

（五）客运索道高空滞留人员3.5小时以上12小时以下的；

（六）大型游乐设施高空滞留人员1小时以上12小时以下的。

除前款规定外，国务院特种设备安全监督管理部门可以对一般事故的其他情形做出补充规定。

**第六十五条** 特种设备安全监督管理部门应当制定特种设备应急预案。特种设备使用单位应当制定事故应急专项预案，并定期进行事故应急演练。

压力容器、压力管道发生爆炸或者泄漏，在抢险救援时应当区分介质特性，严格按照相关预案规定程序处理，防止二次爆炸。

**第六十六条** 特种设备事故发生后，事故发生单位应当立即启动事故应急预案，组织抢救，防止事故扩大，减少人员伤亡和财产损失，并及时向事故发生地县以上特种设备安全监督管理部门和有关部门报告。

县以上特种设备安全监督管理部门接到事故报告，应当尽快核实有关情况，立即向所在地人民政府报告，并逐级上报事故情况。必要时，特种设备安全监督管理部门可以越级上报事故情况。对特别重大事故、重大事故，国务院特种设备安全监督管理部门应当立即报告国务院并通报国务院安全生产监督管理部门等有关部门。

**第六十七条** 特别重大事故由国务院或者国务院授权有关部门组织事故调查组进行调查。

重大事故由国务院特种设备安全监督管理部门会同有关部门组织事故调查组进行调查。

较大事故由省、自治区、直辖市特种设备安全监督管理部门会同有关部门组织事故调查组进行调查。

一般事故由设区的市的特种设备安全监督管理部门会同有关部门组织事故调查组进行调查。

**第六十八条** 事故调查报告应当由负责组织事故调查的特种设备安全监督管理部门的所在地人民政府批复，并报上一级特种设备安全监督管理部门备案。

有关机关应当按照批复，依照法律、行政法规规定的权限和程序，对事故责任单位和有关人员进行行政处罚，对负有事故责任的国家工作人员进行处分。

**第六十九条**　特种设备安全监督管理部门应当在有关地方人民政府的领导下，组织开展特种设备事故调查处理工作。

有关地方人民政府应当支持、配合上级人民政府或者特种设备安全监督管理部门的事故调查处理工作，并提供必要的便利条件。

**第七十条**　特种设备安全监督管理部门应当对发生事故的原因进行分析，并根据特种设备的管理和技术特点、事故情况对相关安全技术规范进行评估；需要制定或者修订相关安全技术规范的，应当及时制定或者修订。

**第七十一条**　本章所称的“以上”包括本数，所称的“以下”不包括本数。

## 第七章　法律责任

**第七十二条**　未经许可，擅自从事压力容器设计活动的，由特种设备安全监督管理部门予以取缔，处5万元以上20万元以下罚款；有违法所得的，没收违法所得；触犯刑律的，对负有责任的主管人员和其他直接责任人员依照刑法关于非法经营罪或者其他罪的规定，依法追究刑事责任。

**第七十三条**　锅炉、气瓶、氧舱和客运索道、大型游乐设施以及高耗能特种设备的设计文件，未经国务院特种设备安全监督管理部门核准的检验检测机构鉴定，擅自用于制造的，由特种设备安全监督管理部门责令改正，没收非法制造的产品，处5万元以上20万元以下罚款；触犯刑律的，对负有责任的主管人员和其他直接责任人员依照刑法关于生产、销售伪劣产品罪、非法经营罪或者其他罪的规定，依法追究刑事责任。

**第七十四条**　按照安全技术规范的要求应当进行型式试验的特种设备产品、部件或者试制特种设备新产品、新部件，未进行整机或者部件型式试验的，由特种设备安全监督管理部门责令限期改正；逾期未改正的，处2万元以上10万元以下罚款。

**第七十五条**　未经许可，擅自从事锅炉、压力容器、电梯、起重机械、客运索道、大型游乐设施、场（厂）内专用机动车辆及其安全附件、安全保护装置的制造、安装、改造以及压力管道元件的制造活动的，由特种设备安全监督管理部门予以取缔，没收非法制造的产品，已经实施安装、改造的，责令恢复原状或者责令限期由取得许可的单位重新安装、改造，处 10 万元以上 50 万元以下罚款；触犯刑律的，对负有责任的主管人员和其他直接责任人员依照刑法关于生产、销售伪劣产品罪、非法经营罪、重大责任事故罪或者其他罪的规定，依法追究刑事责任。

**第七十六条** 特种设备出厂时，未按照安全技术规范的要求附有设计文件、产品质量合格证明、安装及使用维修说明、监督检验证明等文件的，由特种设备安全监督管理部门责令改正；情节严重的，责令停止生产、销售，处违法生产、销售货值金额 30% 以下罚款；有违法所得的，没收违法所得。

**第七十七条** 未经许可，擅自从事锅炉、压力容器、电梯、起重机械、客运索道、大型游乐设施、场（厂）内专用机动车辆的维修或者日常维护保养的，由特种设备安全监督管理部门予以取缔，处 1 万元以上 5 万元以下罚款；有违法所得的，没收违法所得；触犯刑律的，对负有责任的主管人员和其他直接责任人员依照刑法关于非法经营罪、重大责任事故罪或者其他罪的规定，依法追究刑事责任。

**第七十八条** 锅炉、压力容器、电梯、起重机械、客运索道、大型游乐设施的安装、改造、维修的施工单位以及场（厂）内专用机动车辆的改造、维修单位，在施工前未将拟进行的特种设备安装、改造、维修情况书面告知直辖市或者设区的市的特种设备安全监督管理部门即行施工的，或者在验收后 30 日内未将有关技术资料移交锅炉、压力容器、电梯、起重机械、客运索道、大型游乐设施的使用单位的，由特种设备安全监督管理部门责令限期改正；逾期未改正的，处 2000 元以上 1 万元以下罚款。

**第七十九条** 锅炉、压力容器、压力管道元件、起重机械、大型游乐设施的制造过程和锅炉、压力容器、电梯、起重机械、客运索道、大型游乐设施的安装、改造、重大维修过程，以及锅炉清洗过程，未经国务院特种设备安全监督管理部门核准的检验检测机构按照安全技术规范的要求进行监督检验的，由特种设备安全监督管理部门责令改正，已经出厂的，没收违法生产、销售的产品，已经实施安装、改造、重大维修或者清洗的，责令限期进行监督检验，处5万元以上20万元以下罚款；有违法所得的，没收违法所得；情节严重的，撤销制造、安装、改造或者维修单位已经取得的许可，并由工商行政管理部门吊销其营业执照；触犯刑律的，对负有责任的主管人员和其他直接责任人员依照刑法关于生产、销售伪劣产品罪或者其他罪的规定，依法追究刑事责任。

**第八十条** 未经许可，擅自从事移动式压力容器或者气瓶充装活动的，由特种设备安全监督管理部门予以取缔，没收违法充装的气瓶，处10万元以上50万元以下罚款；有违法所得的，没收违法所得；触犯刑律的，对负有责任的主管人员和其他直接责任人员依照刑法关于非法经营罪或者其他罪的规定，依法追究刑事责任。

移动式压力容器、气瓶充装单位未按照安全技术规范的要求进行充装活动的，由特种设备安全监督管理部门责令改正，处2万元以上10万元以下罚款；情节严重的，撤销其充装资格。

**第八十一条** 电梯制造单位有下列情形之一的，由特种设备安全监督管理部门责令限期改正；逾期未改正的，予以通报批评：

（一）未依照本条例第十九条的规定对电梯进行校验、调试的；

（二）对电梯的安全运行情况进行跟踪调查和了解时，发现存在严重事故隐患，未及时向特种设备安全监督管理部门报告的。

**第八十二条** 已经取得许可、核准的特种设备生产单位、检验检测机构有下列行为之一的，由特种设备安全监督管理部门责令改正，处2万元以上10万元以下罚款；情节严重的，撤销其相应资格：

（一）未按照安全技术规范的要求办理许可证变更手续的；

（二）不再符合本条例规定或者安全技术规范要求的条件，继续从事特种设备生产、检验检测的；

（三）未依照本条例规定或者安全技术规范要求进行特种设备生产、检验检测的；

（四）伪造、变造、出租、出借、转让许可证书或者监督检验报告的。

**第八十三条** 特种设备使用单位有下列情形之一的，由特种设备安全监督管理部门责令限期改正；逾期未改正的，处2000元以上2万元以下罚款；情节严重的，责令停止使用或者停产停业整顿：

（一）特种设备投入使用前或者投入使用后30日内，未向特种设备安全监督管理部门登记，擅自将其投入使用的；

（二）未依照本条例第二十六条的规定，建立特种设备安全技术档案的；

（三）未依照本条例第二十七条的规定，对在用特种设备进行经常性日常维护保养和定期自行检查的，或者对在用特种设备的安全附件、安全保护装置、测量调控装置及有关附属仪器仪表进行定期校验、检修，并作出记录的；

（四）未按照安全技术规范的定期检验要求，在安全检验合格有效期届满前1个月向特种设备检验检测机构提出定期检验要求的；

（五）使用未经定期检验或者检验不合格的特种设备的；

（六）特种设备出现故障或者发生异常情况，未对其进行全面检查、消除事故隐患，继续投入使用的；

（七）未制定特种设备事故应急专项预案的；

（八）未依照本条例第三十一条第二款的规定，对电梯进行清洁、润滑、调整和检查的；

（九）未按照安全技术规范要求进行锅炉水（介）质处理的；

（十）特种设备不符合能效指标，未及时采取相应措施进行整改的。

特种设备使用单位使用未取得生产许可的单位生产的特种设备或者将非承压锅炉、非压力容器作为承压锅炉、压力容器使用的，由特种设备安全监督管理部门责令停止使用，予以没收，处 2 万元以上 10 万元以下罚款。

**第八十四条**　特种设备存在严重事故隐患，无改造、维修价值，或者超过安全技术规范规定的使用年限，特种设备使用单位未予以报废，并向原登记的特种设备安全监督管理部门办理注销的，由特种设备安全监督管理部门责令限期改正；逾期未改正的，处 5 万元以上 20 万元以下罚款。

**第八十五条**　电梯、客运索道、大型游乐设施的运营使用单位有下列情形之一的，由特种设备安全监督管理部门责令限期改正；逾期未改正的，责令停止使用或者停产停业整顿，处 1 万元以上 5 万元以下罚款：

（一）客运索道、大型游乐设施每日投入使用前，未进行试运行和例行安全检查，并对安全装置进行检查确认的；

（二）未将电梯、客运索道、大型游乐设施的安全注意事项和警示标志置于易于为乘客注意的显著位置的。

**第八十六条**　特种设备使用单位有下列情形之一的，由特种设备安全监督管理部门责令限期改正；逾期未改正的，责令停止使用或者停产停业整顿，处 2000 元以上 2 万元以下罚款：

（一）未依照本条例规定设置特种设备安全管理机构或者配备专职、兼职的安全管理人员的；

（二）从事特种设备作业的人员，未取得相应特种作业人员证书，上岗作业的；

（三）未对特种设备作业人员进行特种设备安全教育和培训的。

**第八十七条** 发生特种设备事故，有下列情形之一的，对单位，由特种设备安全监督管理部门处5万元以上20万元以下罚款；对主要负责人，由特种设备安全监督管理部门处4000元以上2万元以下罚款；属于国家工作人员的，依法给予处分；触犯刑律的，依照刑法关于重大责任事故罪或者其他罪的规定，依法追究刑事责任：

（一）特种设备使用单位的主要负责人在本单位发生特种设备事故时，不立即组织抢救或者在事故调查处理期间擅离职守或者逃匿的；

（二）特种设备使用单位的主要负责人对特种设备事故隐瞒不报、谎报或者拖延不报的。

**第八十八条** 对事故发生负有责任的单位，由特种设备安全监督管理部门依照下列规定处以罚款：

（一）发生一般事故的，处10万元以上20万元以下罚款；

（二）发生较大事故的，处20万元以上50万元以下罚款；

（三）发生重大事故的，处50万元以上200万元以下罚款。

**第八十九条** 对事故发生负有责任的单位的主要负责人未依法履行职责，导致事故发生的，由特种设备安全监督管理部门依照下列规定处以罚款；属于国家工作人员的，并依法给予处分；触犯刑律的，依照刑法关于重大责任事故罪或者其他罪的规定，依法追究刑事责任：

（一）发生一般事故的，处上一年年收入30%的罚款；

（二）发生较大事故的，处上一年年收入40%的罚款；

（三）发生重大事故的，处上一年年收入60%的罚款。

**第九十条** 特种设备作业人员违反特种设备的操作规程和有关的安全规章制度操作，或者在作业过程中发现事故隐患或者其他不安全因素，未立即向现场安全管理人员和单位有关负责人报告的，由特种设备使用单位给予批评教育、处分；情节严重的，撤销特种设备作业人员资格；触犯刑律的，依照刑法关于重大责任事故罪或者其他罪的规定，依法追究刑事责任。

**第九十一条** 未经核准，擅自从事本条例所规定的监督检验、定期检验、型式试验以及无损检测等检验检测活动的，由特种设备安全监督管理部门予以取缔，处5万元以上20万元以下罚款；有违法所得的，没收违法所得；触犯刑律的，对负有责任的主管人员和其他直接责任人员依照刑法关于非法经营罪或者其他罪的规定，依法追究刑事责任。

**第九十二条** 特种设备检验检测机构，有下列情形之一的，由特种设备安全监督管理部门处2万元以上10万元以下罚款；情节严重的，撤销其检验检测资格：

（一）聘用未经特种设备安全监督管理部门组织考核合格并取得检验检测人员证书的人员，从事相关检验检测工作的；

（二）在进行特种设备检验检测中，发现严重事故隐患或者能耗严重超标，未及时告知特种设备使用单位，并立即向特种设备安全监督管理部门报告的。

**第九十三条** 特种设备检验检测机构和检验检测人员，出具虚假的检验检测结果、鉴定结论或者检验检测结果、鉴定结论严重失实的，由特种设备安全监督管理部门对检验检测机构没收违法所得，处5万元以上20万元以下罚款，情节严重的，撤销其检验检测资格；对检验检测人员处5000元以上5万元以下罚款，情节严重的，撤销其检验检测资格，触犯刑律的，依照刑法关于中介组织人员提供虚假证明文件罪、中介组织人员出具证明文件重大失实罪或者其他罪的规定，依法追究刑事责任。

特种设备检验检测机构和检验检测人员，出具虚假的检验检测结果、鉴定结论或者检验检测结果、鉴定结论严重失实，造成损害的，应当承担赔偿责任。

**第九十四条** 特种设备检验检测机构或者检验检测人员从

事特种设备的生产、销售，或者以其名义推荐或者监制、监销特种设备的，由特种设备安全监督管理部门撤销特种设备检验检测机构和检验检测人员的资格，处5万元以上20万元以下罚款；有违法所得的，没收违法所得。

**第九十五条** 特种设备检验检测机构和检验检测人员利用检验检测工作故意刁难特种设备生产、使用单位，由特种设备安全监督管理部门责令改正；拒不改正的，撤销其检验检测资格。

**第九十六条** 检验检测人员，从事检验检测工作，不在特种设备检验检测机构执业或者同时在两个以上检验检测机构中执业的，由特种设备安全监督管理部门责令改正，情节严重的，给予停止执业6个月以上2年以下的处罚；有违法所得的，没收违法所得。

**第九十七条** 特种设备安全监督管理部门及其特种设备安全监察人员，有下列违法行为之一的，对直接负责的主管人员和其他直接责任人员，依法给予降级或者撤职的处分；触犯刑律的，依照刑法关于受贿罪、滥用职权罪、玩忽职守罪或者其他罪的规定，依法追究刑事责任：

（一）不按照本条例规定的条件和安全技术规范要求，实施许可、核准、登记的；

（二）发现未经许可、核准、登记擅自从事特种设备的生产、使用或者检验检测活动不予取缔或者不依法予以处理的；

（三）发现特种设备生产、使用单位不再具备本条例规定的条件而不撤销其原许可，或者发现特种设备生产、使用违法行为不予查处的；

（四）发现特种设备检验检测机构不再具备本条例规定的条件而不撤销其原核准，或者对其出具虚假的检验检测结果、鉴定结论或者检验检测结果、鉴定结论严重失实的行为不予查处的；

（五）对依照本条例规定在其他地方取得许可的特种设备生

产单位重复进行许可，或者对依照本条例规定在其他地方检验检测合格的特种设备，重复进行检验检测的；

（六）发现有违反本条例和安全技术规范的行为或者在用的特种设备存在严重事故隐患，不立即处理的；

（七）发现重大的违法行为或者严重事故隐患，未及时向上级特种设备安全监督管理部门报告，或者接到报告的特种设备安全监督管理部门不立即处理的；

（八）迟报、漏报、瞒报或者谎报事故的；

（九）妨碍事故救援或者事故调查处理的。

**第九十八条** 特种设备的生产、使用单位或者检验检测机构，拒不接受特种设备安全监督管理部门依法实施的安全监察的，由特种设备安全监督管理部门责令限期改正；逾期未改正的，责令停产停业整顿，处2万元以上10万元以下罚款；触犯刑律的，依照刑法关于妨害公务罪或者其他罪的规定，依法追究刑事责任。

特种设备生产、使用单位擅自动用、调换、转移、损毁被查封、扣押的特种设备或者其主要部件的，由特种设备安全监督管理部门责令改正，处5万元以上20万元以下罚款；情节严重的，撤销其相应资格。

## 第八章 附 则

**第九十九条** 本条例下列用语的含义是：

（一）锅炉，是指利用各种燃料、电或者其他能源，将所盛装的液体加热到一定的参数，并对外输出热能的设备，其范围规定为容积大于或者等于30L的承压蒸汽锅炉；出口水压大于或者等于0.1MPa（表压），且额定功率大于或者等于0.1MW的承压热水锅炉；有机热载体锅炉。

（二）压力容器，是指盛装气体或者液体，承载一定压力的密闭设备，其范围规定为最高工作压力大于或者等于0.1MPa（表压），且压力与容积的乘积大于或者等于2.5MPa·L的气体、液化气体和最高工作温度高于或者等于标准沸点的液体的固定式容器和移动式容器；盛装公称工作压力大于或者等于0.2MPa（表压），且压力与容积的乘积大于或者等于1.0MPa·L的气体、液化气体和标准沸点等于或者低于60℃液体的气瓶；氧舱等。

（三）压力管道，是指利用一定的压力，用于输送气体或者液体的管状设备，其范围规定为最高工作压力大于或者等于0.1MPa（表压）的气体、液化气体、蒸汽介质或者可燃、易爆、有毒、有腐蚀性、最高工作温度高于或者等于标准沸点的液体介质，且公称直径大于25mm的管道。

（四）电梯，是指动力驱动，利用沿刚性导轨运行的箱体或者沿固定线路运行的梯级（踏步），进行升降或者平行运送人、货物的机电设备，包括载人（货）电梯、自动扶梯、自动人行道等。

（五）起重机械，是指用于垂直升降或者垂直升降并水平移动重物的机电设备，其范围规定为额定起重量大于或者等于0.5t的升降机；额定起重量大于或者等于1t，且提升高度大于或者等于2m的起重机和承重形式固定的电动葫芦等。

（六）客运索道，是指动力驱动，利用柔性绳索牵引箱体等运载工具运送人员的机电设备，包括客运架空索道、客运缆车、客运拖牵索道等。

（七）大型游乐设施，是指用于经营目的，承载乘客游乐的设施，其范围规定为设计最大运行线速度大于或者等于2m/s，或者运行高度距地面高于或者等于2m的载人大型游乐设施。

（八）场（厂）内专用机动车辆，是指除道路交通、农用车辆以外仅在工厂厂区、旅游景区、游乐场所等特定区域使用的专用机动车辆。

特种设备包括其所用的材料、附属的安全附件、安全保护装置和与安全保护装置相关的设施。

**第一百条** 压力管道设计、安装、使用的安全监督管理办法由国务院另行制定。

**第一百零一条** 国务院特种设备安全监督管理部门可以授权省、自治区、直辖市特种设备安全监督管理部门负责本条例规定的特种设备行政许可工作，具体办法由国务院特种设备安全监督管理部门制定。

**第一百零二条** 特种设备行政许可、检验检测，应当按照国家有关规定收取费用。

**第一百零三条** 本条例自 2003 年 6 月 1 日起施行。1982 年 2 月 6 日国务院发布的《锅炉压力容器安全监察暂行条例》同时废止。

# 《起重机械安装改造重大维修监督检验规则》

## TSG Q7016—2008

**第一条** 为了规范起重机械安装、改造、重大维修监督检验工作，根据《特种设备安全监察条例》、《起重机械安全监察规定》，制定本规则。

**第二条** 本规则规定的安装、改造、重大维修（以下简称施工）监督检验，是指起重机械施工过程中，在施工单位自检合格的基础上，由国家质量监督检验检疫总局（以下简称国家质检总局）核准的检验检测机构（以下简称监检机构）对施工过程进行的强制性、验证性检验。

**第三条** 本规则适用于《特种设备安全监察条例》（以下简称条例）规定范围内的起重机械的施工监督检验（以下简称监检）。

具体实施安装监检的起重机械范围按照《实施安装监督检验的起重机械目录》（见附件A）执行。

纳入《特种设备目录》没有实施安装监督检验，以整机形式出厂不需要安装，直接交付使用单位的起重机械，在办理使用登记前由设备所在地检验检测机构依据《起重机械定期检验规则》规定的检验项目、内容、要求和方法进行检验，合格后方可办理使用登记。

纳入《特种设备目录》的起重机械，其改造、重大维修过程都应当按照本规则要求实施监检。

起重机金属结构在起重机制造单位内进行改造或重大维修时，由负责制造单位制造监检的监检机构实施监检。在使用现场进行施工（包括移装）、允许范围的制作活动（包括主要受力构件的分段组装等），纳入安装监督检验范围，由负责安装监检机构实施监检。

塔式起重机在使用过程中顶升不实施安装监检，使用单位应负责其安全性能。

**第四条** 实施监检的起重机械应当在施工单位特种设备安装改造维修许可证的范围内。

**第五条** 正在申请特种设备安装改造维修许可（以下简称施工许可）的施工单位，在取得受理后，对其试施工的起重机械进行监检。

**第六条** 起重机械施工监检包括对施工过程中涉及安全性能的项目进行监督检验和对质量保证体系运转情况的监督检查，其监检项目和要求按照《起重机械安装改造重大维修监督检验大纲》（见附件 B，以下简称《监检大纲》）和《起重机械安装改造重大维修监督检验项目表》（见附件 C，以下简称《监检项目表》）执行。

改造重大维修监检项目除本规则已经明确规定的外，其他具体监检项目根据改造、维修的具体项目进行，其中是否进行静载荷试验，根据改造重大维修的情况，由监检机构在制订监检方案时明确。起重机械移装监督检验项目参照安装监督检验项目进行，其中静载荷试验可不进行。

**第七条** 施工监检项目分为 A、B 两类（见附件 B），监检方式分别如下：

（一）A 类监检项目，监检人员根据《监检大纲》的要求，按照规定对资料核查、现场监督、实物检查（一般为抽查，下同），判断是否符合要求，未经监检确认或者监检确认不合格，施工不得转入下道工序；

（二）B 类监检项目，监检人员根据《监检大纲》的要求，按照规定或者随机进行资料核查、现场监督或者实物检查，确认结果，判断是否符合要求。

施工监检的资料核查、现场监督、实物检查，监检机构从事监检工作的检验人员（以下简称监检人员）都应当在施工单位提供的相应的设计文件、工作见证（检查报告、试验报告、记录表、卡等，下同）上签字确认。根据不同的监检方式。监检人员在工作见证资料上签字确认时，应当注明监检确认方式

（资料核查、现场监督、实物检查）、具体内容和签字日期。

**第八条** 施工单位和监检机构应当执行本规则。施工单位对起重机械的施工质量和提供施工工作见证的真实性负责。监检机构对所承担的监检工作质量和检验结论的正确性负责。

**第九条** 施工单位应当根据施工特点，按照施工单位质量保证体系的要求，制定具体施工计划、施工作业文件、施工质量计划及其相应的设计文件、工作见证。施工作业文件、施工质量计划所列的施工检验试验项目、合格标准应当不少于并且不低于有关安全技术规范及其相应标准。施工质量计划应当按照本规则的规定注明相应项目的监检工作的类别（A、B类），并且在相应的工作见证上设置填写监检人员签字、监检方式栏目。

**第十条** 施工单位在施工前，应当按照条例、有关安全技术规范的规定，向使用地的直辖市或者设区的市的（以下简称市级）质量技术监督部门书面告知后，持以下资料向监检验机构申请监检。

（一）特种设备安装改造维修许可证或者受理书（原件或者复印件）；

（二）《特种设备安装改造维修告知书》（原件或者复印件）；

（三）施工合同（复印件）；

（四）施工计划；

（五）施工质量计划及其相应的工作见证（工作见证为空白表、卡）。

施工单位提交的上述第（四）、（五）项资料，监检工作结束后，监检机构应当退回施工单位。

资料为复印件的，必须加盖施工单位的公章。

**第十一条** 监检机构应当根据施工监检起重机械的状况，按照本规则的要求，制定包括检验程序、监检项目及其要求、监检记录等在内的监检方案（监检工作指导书）。监检方案应当按照监检机构的检验质量保证体系的要求，履行相应的审批手续。

监检机构至少安排2名具有相应资格的监检人员从事施工监检工作，并且将承担施工监检工作的监检人员、监检方案告知施工单位。

根据施工单位的具体情况，需要与施工单位商订在施工单位提供的工作见证上签字确认的具体办法的，应当在制订监检方案时与施工单位商定。

**第十二条** 施工监检工作过程中，施工单位应当向监检人员提供以下资料：

（一）施工单位质量保证手册和相关的程序文件（管理制度）、施工作业（工艺）文件以及相应的施工设计文件；

（二）现场施工的项目负责人、质量体系责任人员、专业技术人员和技术工人名单和持证人员的相关证件；

（三）产品技术文件（原件或者加盖公章的复印件）；

（四）改造、重大维修的施工设计文件；

（五）施工过程的各种检查记录、验收资料；

（六）施工分包方目录与分包方评价资料（施工分包应当符合安装许可条件要求）；

（七）施工监检工作要求的其他相关资料。

**第十三条** 施工单位应当设专人配合开展监检工作，及时提供相关资料，为监检人员的监检工作提供必要的条件。根据施工监检工作情况，需要在现场设立固定办公场所的，应当为监检机构提供必要的办公条件。

对A类监检方式的项目，监检人员需要到现场的，施工单位应当提前通知监检人员，并且约定监检时间。

**第十四条** 《监检大纲》所列项目及其要求，是对起重机械施工监检的通用和基本要求。监检机构可以根据起重机械施工的实际情况和设备特点，在制订监检方案时，对监检项目进行适当的增加。监检人员现场监检发现监检方案的监检项目不能满足要求时，需要增加监检项目时，应当获得监检机构负责人的批准。

**第十五条** 监检人员应当按照本规则和制订的监检方案的要求进行施工监检，及时记录。监检记录包括资料核查、现场监督、实物检查的项目和监检结果，以及工作见证及其确认方式。监检结果与施工单位提供的工作见证不一致时，应当将不一致情况在监检记录上做出详细记载。记录与施工单位的工作见证必须具有可追溯性。无法在施工单位工作见证进行确认的，可以在监检记录上进行记载。

监检人员在现场监检采取资料核查确认方式时，对施工单位提供的工作见证有怀疑时，或者检查发现不符合要求时，应当要求施工单位在原检验部位进行复验或补充检验，施工单位必须进行复验或补充检验。

**第十六条** 《监检项目表》根据记录填写，记载监检工作过程和结果，并且进行监检一次合格率的统计（注1）。对符合要求或者不符合要求的监检项目，在《监检项目表》中“监检结果”栏内填“合格”、“不合格”、“无此项”，并且在“工作见证”栏内填写监检人员签字的工作见证件名称、编号或者监检工作记录的名称、编号。监检不符合要求的监检项目的具体情况、实测数据，质量保证体系运行中的问题，以及施工单位的处理情况应当在记事栏中记述。

注1：监检一次合格率按照监检项目及其内容进行统计，即是首次发现的不合格项目及其内容数（分子数）与本台设备所检项目及其内容数（分母数）之比（百分数）。首次发现的不合格项目及其内容，再次监检时仍然不合格，仍然按照首次不合格列入分子数，以此类推。

**第十七条** 监检人员在施工监检过程中发现的一般问题由监检人员向施工单位发出《特种设备监督检验工作联络单》（见附件D，以下简称《监检联络单》）；对发现的严重问题（注2）由监检机构向施工单位签发《特种设备监督检验工作意见通知书》（见附件E，以下简称《监检意见通知书》）。施工单位应当在规定的期限内对《监检联络单》、《监检意见通知书》进行处理并书面回复。

《监检意见通知书》同时报告所在地市级质量技术监督部门、省级质量技术监督部门和负责施工许可的审批机关。施工单位对《监检意见通知书》提出的意见，如拒不接受或者不能及时纠正，监检机构还应当及时报告审批机关和发证机关。

注 2：严重问题，是指对起重机械安全性能有较大影响的问题。如监检项目不合格而不易纠正；施工单位质量保证体系运转严重失控；施工单位对《监检联络单》提出的问题拒不改进；施工单位不再具备施工许可条件，施工单位在施工活动中有违反施工许可的有关规定等问题。

**第十八条** 施工监检工作结束后，对监检合格的起重机械，监检机构一般应当在 10 个工作日内，大型设备可以在 20 个工作日内出具《起重机械安装改造重大维修监督检验证书》（附件 F，以下简称《监检证书》）和《起重机械安装改造重大维修监督检验报告》（以下简称《监检报告》。《监检报告》的封面和目录、监检结论和具体项目、内容、检查结果的格式见附件 G）。

《监检报告》至少应当包括以下内容：

（一）监检结论和具体项目及其内容、检查结果；

（二）设备基本情况，包括设备在安装、改造、重大维修前的基本情况；

（三）施工单位以及现场施工过程，包括施工单位及其现场的施工组织情况；

（四）现场进行无损检测等内容的单项报告（适用于实施现场无损检测）；

（五）监检过程中发现问题的处理情况，包括《监检联络单》、《监检意见通知书》等（复印件）；

（六）其他情况说明。

《监检证书》、《监检报告》各一式三份，一份送施工单位，一份由施工单位交使用单位，一份监检机构存档。如因特殊情况，可先出具《监检证书》，以便办理使用登记手续。

**第十九条** 施工监检工作完成后，监检机构应当将以下资料汇总存档：

（一）《监检项目表》；

（二）《监检报告》；

（三）A类监检方式项目的相关工作见证资料（产品技术文件等原始资料除外）；

（四）施工监检过程中有关监检记录；

（五）《监检联络单》和《监检意见通知书》；

（六）其他与施工监检工作相关的资料。

上述资料保存期不少于5年。

**第二十条** 施工单位对施工监检结果有异议时，应当在15日内书面向监检机构提出复检要求。对复检结果仍有异议的，可以书面向施工所在地的市级质量技术监督部门或者省级质量技术监督部门提出。必要时，可以直接向国家质检总局提出。受理机关对反映的问题应当及时调查予以处理。

**第二十一条** 本规则由国家质量监督检验检疫总局负责解释。

**第二十二条** 本规则自2009年4月1日起施行，2002年10月8日国家质检总局发布的《起重机械监督检验规程》（国质检锅［2002］296号）同时作废。

## 附件 A

# 实施安装监督检验的起重机械目录

| 序号 | 设备类别（类型） | 设备品种（型式） | 设备基本代码 |
|---|---|---|---|
| 1 | 桥式起重机 | 通用桥式起重机 | 4110 |
| 2 | | 电站桥式起重机 | 4120 |
| 3 | | 防爆桥式起重机 | 4130 |
| 4 | | 绝缘桥式起重机 | 4140 |
| 5 | | 冶金桥式起重机 | 4150 |
| 6 | | 架桥机 | 4160 |
| 7 | | 电动单梁起重机 | 4170 |
| 8 | | 电动单梁悬挂起重机 | 4180 |
| 9 | | 电动葫芦桥式起重机 | 4190 |
| 10 | | 防爆梁式起重机 | 41A0 |
| 11 | 门式起重机 | 通用门式起重机 | 4210 |
| 12 | | 水电站门式起重机 | 4220 |
| 13 | | 轨道式集装箱门式起重机 | 4230 |
| 14 | | 万能杆件拼装式龙门起重机 | 4240 |
| 15 | | 岸边集装箱起重机 | 4250 |
| 16 | | 造船门式起重机 | 4260 |
| 17 | | 电动葫芦门式起重机 | 4270 |
| 18 | | 装卸桥 | 4280 |
| 19 | 塔式起重机 | 普通塔式起重机 | 4310 |
| 20 | | 电站塔式起重机 | 4320 |
| 21 | | 塔式皮带布料机 | 4330 |
| 22 | 门座起重机 | 港口门座起重机 | 4710 |

续表

| 序号 | 设备类别（类型） | 设备品种（型式） | 设备基本代码 |
|---|---|---|---|
| 23 | 门座起重机 | 船厂门座起重机 | 4720 |
| 24 | | 带斗门座式起重机 | 4730 |
| 25 | | 电站门座起重机 | 4740 |
| 26 | | 固定式起重机 | 4760 |
| 27 | 升降机 | 曲线施工升降机 | 4810 |
| 28 | | 锅炉炉膛检修平台 | 4820 |
| 29 | | 钢索式液压提升装置 | 4830 |
| 30 | | 升船机 | 4850 |
| 31 | | 施工升降机 | 4860 |
| 32 | 缆索起重机 | 固定式缆索起重机 | 4910 |
| 33 | | 摇摆式缆索起重机 | 4920 |
| 34 | | 平移式缆索起重机 | 4930 |
| 35 | | 辐射式缆索起重机 | 4940 |
| 36 | 桅杆起重机 | 固定式桅杆起重机 | 4A00 |
| 37 | | 移动式桅杆起重机 | 4A20 |
| 38 | 机械式停车设备 | 升降横移类机械式停车设备 | 4D10 |
| 39 | | 垂直循环类机械式停车设备 | 4D20 |
| 40 | | 多层循环类机械式停车设备 | 4D30 |
| 41 | | 平面移动类机械式停车设备 | 4D40 |
| 42 | | 巷道堆垛类机械式停车设备 | 4D50 |
| 43 | | 水平循环类机械式停车设备 | 4D60 |
| 44 | | 垂直升降类机械式停车设备 | 4D70 |
| 45 | | 简易升降类机械式停车设备 | 4D80 |
| 46 | | 汽车专用升降机类停车设备 | 4D90 |

附件 B

## 起重机械安装改造重大维修监督检验大纲

### B1 设备选型

对照产品文件、合同，检查机械的选型与使用工况匹配情况是否符合法规和合同要求，防爆起重机上的安全保护装置、电气元件、照明器材等需要采用符合防爆要求的，是否采用防爆型。

### B2 产品技术文件

核查产品以下出厂技术文件是否齐全（仅适用于安装监检）：

（1）产品设计文件（包括总图、主要受力结构件图、机械传动图和电气、液压系统原理图）；

（2）产品质量合格证明、安装及其使用维护说明；

（3）型式试验合格证明（按覆盖原则）；

（4）制造监督检验证书（纳入监检范围的）。

### B3 安装改造维修资格

核查以下证件是否符合要求：

（1）安装改造维修许可证；

（2）安装改造重大维修告知书；

（3）现场安装改造维修作业人员的资格证件。

### B4 施工作业（工艺）文件

核查施工单位是否有经其负责人批准的施工作业（工艺）文件，包括作业程序、技术要求、方法和措施等。

### B5 现场施工条件

（1）核查是否有经过施工单位盖章确认的安装基础验收合格证明；

（2）检查起重机械运动部分与建筑物、设施、输电线的安全距离是否符合相关标准要求，高于 30m 的起重机械顶端或者两臂端红色障碍灯工作是否正常有效。

**B6　部件施工前检验**

（1）核查主要零部件合格证、铭牌，必要时核对实物检查；

（2）核查安全保护装置合格证、铭牌、型式试验证明，必要时核对实物检查；

（3）核查主要受力结构件主要几何尺寸的检查记录。

**B7　部件施工过程与施工后检验**

（1）核查主要受力结构件（如主梁、主支撑腿、主副吊臂、标准节、吊具横梁等）施工现场连接（焊接、螺栓、销轴、铆接等）的检查记录；

（2）核查施工后主要受力结构件的主要几何尺寸施工检查记录；

（3）核查钢丝绳及其连接、吊具、滑轮组、卷筒等施工检查记录，必要时进行检查；

（4）核查配重、压重的施工记录；

（5）检查安全警示标志。

主要受力构件分段制造现场组装，应当进行无损检测，检查记录应当包括无损检测报告。

**B8　电气与控制系统检验**

B8.1　电气设备与控制系统

核查起重机械电气设备及其控制系统的安装记录，是否符合 GB 50256-1996《电气装置安装工程起重机电气装置施工及验收规范》的相关要求，必要时进行检查。

B8.2　电气保护装置

根据电气接线图，按照 GB/T 6067—1985《起重机械安全规程》要求，核查以下电气保护装置检测和试验的施工记录，必要时进行检查：

（1）接地保护；

（2）绝缘电阻；

（3）短路保护；

（4）失压保护；

（5）零位保护；

（6）过流（过载）保护；

（7）失磁保护；

（8）供电电源断错相保护；

（9）正反向接触器故障保护［适用于吊运熔融金属（非金属）和炽热金属的起重机］。

**B9　安全保护和防护装置检验**

B9.1　制动器

检查是否符合以下要求，必要时进行操作和测量：

（1）工作制动器与安全制动器的设置应当符合（TSG Q0002—2008）《起重机械安全技术监察规程—桥式起重机》第六十七条规定的要求；

（2）起升和动臂变幅机构采用常闭制动器，回转机构、运行机构、小车变幅机构的制动器能够保证起重机械制动时平稳性要求；

（3）制动器的推动器无漏油现象；

（4）制动器打开时制动轮与摩擦片没有摩擦现象，制动器闭合时制动轮与摩擦片接触均匀，没有影响制动性能的缺陷和油污；

（5）制动器调整适宜，制动平稳可靠；

（6）制动轮无裂纹（不包括制动轮表面淬硬层微裂纹），没有摩擦片固定铆钉引起的划痕，凹凸不平度不大于1.5mm。

B9.2　起重量限制器

检查是否按照规定设置起重量限制器，现场监督试验，检查试验和结果是否符合以下要求：

（1）起升额定载荷，以额定速度起升、下降，全过程中正常制动3次，起重量限制器不动作；

（2）保持载荷离地面100～200mm，逐渐无冲击继续加载至1.05倍的额定起重量，检查是否先发出超载报警信号，然后切断上升方向动作，但机构可以做下降方向的运动。

B9.3　力矩限制器

（1）检查是否按照规定均设置起重力矩限制器，现场监督试验，检查当起重力矩达到1.05倍的额定值时，是否能够切断上升和幅度增大方向的动力源，但是机构可以做下降和减小幅度方向的运动；

（2）检查是否按照规定设置回转力矩限制器，现场监督试验，检查当回转机构在回转有可能自锁时，回转力矩限制器是否可靠。

B9.4　起升高度（下降深度）限位器

检查是否按照规定均设置起升高度（下降深度）限位器，并且对其试验进行监督，当吊具起升（下降）到极限位置时，是否能够自动切断动力源。

注B-1：吊运熔融金属的起重机应当设置不同形式的上升极限位置的双重限位器，并且能够控制不同的断路装置，当起升高度大于20m时，还应当设置下降极限位置限位器。

B9.5　料斗限位器

检查料斗带式输送机系统是否有料斗限位器，并且对动作试验进行监督。

B9.6　运行机构行程限位器

检查大、小车分别运行至轨道端部，压上行程开关，检查大、小车运行机构行程限位器（电动单梁起重机，电动单梁悬挂起重机小车运行机构除外）时，是否能够停止向运行方向的运行。

B9.7　缓冲器和止挡装置

检查大、小车运行机构的轨道端部缓冲器或者端部止挡是否完好，缓冲器与端部止挡装置或者与另一台起重机运行机构的缓冲器对接是否良好，端部止挡是否固定牢固，是否能够两边同时接触缓冲器，并且对操作试验进行监督。

B9.8　应急断电开关

检查起重机械应急断电开关是否能够切断起重机械动力电源，应急断电开关是否不应当自动复位，是否设在司机操作方便的地方。

B9.9　连锁保护装置

检查出入起重机械的门或者司机室到桥架上的门打开时，总电源是否能够接通。当处于运行状态，门打开时，总电源是否断开，所有机构运行是否都停止。

B9.10　超速保护装置

对于门座起重机的起升机构和变幅机构、用于吊运熔融金属的桥式起重机起升机构，当采用可控硅定子调压、涡流制动器、能耗制动、可控硅供电、直流机组供电调速以及其他由于调速可能造成超速的，检查是否有超速保护装置。

B9.11　偏斜显示（限制）装置

对于大跨度（大于或者等于40m）的门式起重机和装卸桥，检查是否设置偏斜显示或者限制装置。

B9.12　防倾翻安全钩

检查在主梁一侧落钩的单主梁起重机防倾翻安全钩，当小车正常运行时，是否能够保证安全钩与主梁的间隙合理，运行无卡阻。

B9.13　扫轨板

检查并且测量起重机械扫轨板下端与轨道的距离是否符合要求（一般起重机械不大于10mm，塔式起重机不大于5mm）。

B9.14　导电滑触线防护板

检查所设置导电滑触线的防护板是否安全可靠，符合规定要求。

B9.15　防坠安全器

检查升降机防坠安全器连接是否牢固、可靠，其动作速度调节装置的铅封或者漆封是否完好，标定日期是否在有效期内。检查垂直升降类机械式停车设备是否有断链或者断绳时的防坠落装置。检查其他类型的机械式停车设备在载车板运行到停车位后，为防止载车板因故突然落下的防止坠落装置是否有效。

B9.16　防风防滑装置（露天工作的起重机械）

检查露天工作的起重机械是否按照设计规定设置夹轨钳、锚定装置或者铁鞋等防风装置，是否满足以下要求：

（1）门座起重机防风装置及其与防风装置的连接部位符合设计规定；

（2）防风装置进行动作试验时，钳口夹紧或者锚定以及电气保护装置的工作可靠，其顶轨器、楔块式防爬器、自锁式防滑动装置功能正常有效；

（3）防风装置零件无缺损。

B9.17　风速仪

检查起升高度大于50m的露天工作起重机是否安装风速仪，是否安装在起重机顶部至吊具最高位置间的不挡风处，当风速大于工作极限风速时，是否能够发出停止作业的警报。

B9.18　防护罩、隔热装置

检查起重机械上外露的有伤人可能的活动零部件防护罩，露天作业的起重机械的电气设备防雨罩是否齐全，铸造起重机隔热装置是否完好。

B9.19　其他安全保护和防护装置

检查所设置的其他安全防护装置（如防后翻装置和自动锁紧装置、断绳保护、汽车举升机的同步装置等）是否符合规定要求。

**B10　性能试验**

性能试验包括空载试验、额定载荷试验、静载荷试验、动载荷试验和有特殊要求时的试验（如升降机的吊笼坠落试验、升船机过船联合试验等）。

试验前，监检人员应当核查施工单位的试验方案，检查试验条件是否满足GB/T 5905—1998《起重机试验规范和程序》、JT/T 99—1994《港口门座起重机试验方法》、GB/T 10054—2005《施工升降机》和JB/T 10215—2000《垂直循环类机械式停车设备》及相关规定的要求。在施工单位进行试验时，监检人员在试验现场进行现场监督，并且对试验结果进行确认，必要时进行检查和测量。

B10.1　空载试验

按照要求进行空载试验，检查是否至少符合以下要求：

（1）操纵机构、控制系统、安全防护装置动作可靠、准确，馈电装置工作正常；

（2）各机构动作平稳、运行正常，能实现规定的功能和动作，无异常振动、冲击、过热、噪声等现象；

（3）液压系统无泄漏油现象，润滑系统工作正常。

B10.2　额定载荷试验

按照要求进行额定载荷试验，除检查其是否符合 B10.1 的要求外，还应当检查是否符合以下要求：

（1）对制动下滑量有要求的，制动下滑量应当在允许范围内；

（2）挠度符合要求（注 B-2、注 B-3）；

（3）主要零件无损坏。

注 B-2：对没有调速控制系统或用低速起升也能达到要求、就位精度较低的起重机，挠度要求不大于 $S/500$；对采用简单的调速控制系统就能达到要求、就位精度中等的起重机，挠度要求不大于 $S/750$；对需采用较完善的调速控制系统才能达到要求、就位精度要求高的起重机，挠度要求不大于 $S/1000$。

注 B-3：调速控制系统和就位精度根据该产品设计文件确定，若设计文件对该要求不明确的，对 A1 ~ A3 级，挠度不大于 $S/700$；对 A4 ~ A6 级，挠度不大于 $S/800$；对 A7、A8 级，挠度不大于 $S/1000$；悬臂端不大于 $L_1/350$ 或者 $L_2/350$。

其中：$S$—跨度，m；

$L_1$、$L_2$—悬臂端长，m（以下均同）。

B10.3　静载荷试验

按照相应要求进行静载荷试验，至少检查是否符合以下要求：

（1）主要受力结构件无明显裂纹、永久变形、油漆剥落；

（2）主要机构连接处未出现松动或者损坏；

（3）无影响性能和安全的其他损坏。

B10.4　动载荷试验

按照相应要求进行动载荷试验，至少检查是否符合以下要求：

（1）机构、零部件等工作正常；

（2）机构、结构件无损坏，连接处无松动。

B10.5　升降机吊笼坠落试验

按照相应要求进行升降机吊笼坠落试验，至少检查是否符合以下要求：

（1）结构及其连接有无损坏与永久变形；

（2）吊笼底板在各个方向的水平度偏差改变值；

（3）制动距离（如有规定要求）符合规定。

B10.6　升船机过船联合试验

进行船厢无船联合试验的各项试验和船舶探测装置试验，检查以下试验是否满足设计要求：

（1）联合试验的各项试验和船舶探测装置试验项目、方法和要求；

（2）各设备运行动作的准确性；

（3）验证船只过坝过程中升船机整体运作的正确性、可靠性和安全性；

（4）按照规定进行的额定载荷试验是否符合要求。

**B11　质量保证体系运行情况检查**

结合施工过程的监检，对以下质量保证体系运转执行情况进行检查：

（1）查阅现场施工组织机构、质量保证机构和质量控制系统责任人的任命文件；

（2）核实现场作业人员的证件；

（3）检查施工过程中体系运转异常情况的处理；

（4）检查对监检机构或监检人员提出问题的处理和反馈情况。

## 附件 C

# 起重机械安装改造重大维修监督检验项目表

编号：

| 施工单位 | | | |
|---|---|---|---|
| 安装改造维修许可证编号（受理编号） | | 施工单位负责人 | |
| 施工单位联系人 | | 施工单位联系电话 | |
| 使用单位 | | | |
| 使用单位地址 | | | |
| 使用单位联系人 | | 使用单位联系电话 | |
| 使用单位邮政编码 | | 使用单位安全管理人员 | |
| 起重机械施工地点 | | | |
| 制造单位 | | | |
| 制造许可证编号（型式试验备案公告号） | | | |
| 取证样机 | □是；□否 | 设备类别 | |
| 设备品种 | | 规格型号 | |
| 设备代码 | | 制造日期 | |
| 产品编号 | | 额定起重量 | t |
| 跨度（工作幅度） | m | 起升高度 | m |
| 起升速度 | m/s | 工作级别 | |
| 施工类别 | （新装、移装、改造、重大维修） | 施工告知日期 | |
| 监检开始日期 | | 监检结束日期 | |
| 监检项目表 | | | |

续表

| 序号 | 监检项目及其内容 | | 类别 | 监检结果 | 工作见证 | 监检员 | 确认日期 |
|---|---|---|---|---|---|---|---|
| 1 | 1 设备选型 | | A | | | | |
| 2 | 2 产品技术文件 | （1）产品设计文件 | A | | | | |
| 3 | | （2）产品质量合格证明、安装及其使用维护说明 | A | | | | |
| 4 | | （3）型式试验合格证明 | A | | | | |
| 5 | | （4）制造监督检验证书 | A | | | | |
| 6 | 3 安装改造维修资格 | （1）安装改造维修许可证 | A | | | | |
| 7 | | （2）安装改造重大维修告知书 | A | | | | |
| 8 | | （3）现场安装改造维修作业人员的资格证件 | B | | | | |
| 9 | 4 施工作业（工艺）文件 | | B | | | | |
| 10 | 5 现场施工条件 | （1）基础验收证明 | B | | | | |
| 11 | | （2）安全距离和红色障碍灯 | B | | | | |
| 12 | 6 部件施工前检验 | （1）主要零部件合格证、铭牌 | B | | | | |
| 13 | | (2) 安全保护装置合格证、铭牌、型式试验证明 | B | | | | |
| 14 | | （3）主要受力结构件主要几何尺寸 | B | | | | |
| 15 | 7 部件施工过程与施工后检验 | （1）主要受力结构件连接检查 | B | | | | |
| 16 | | （2）施工后主要受力结构件的主要几何尺寸 | B | | | | |
| 17 | | （3）钢丝绳及其连接、吊具、滑轮组、卷筒 | B | | | | |
| 18 | | （4）配重、压重 | B | | | | |
| 19 | | （5）安全警示标识 | B | | | | |

续表

| 序号 | 监检项目及其内容 | | | 类别 | 监检结果 | 工作见证 | 监检员 | 确认日期 |
|---|---|---|---|---|---|---|---|---|
| 20 | 8 电气与控制系统检验 | 8.1 电气设备与控制系统 | | B | | | | |
| 21 | | 8.2 电气保护装置 | (1) 接地保护 | B | | | | |
| 22 | | | (2) 绝缘电阻 | B | | | | |
| 23 | | | (3) 短路保护 | B | | | | |
| 24 | | | (4) 失压保护 | B | | | | |
| 25 | | | (5) 零位保护 | B | | | | |
| 26 | | | (6) 过流（过载）保护 | B | | | | |
| 27 | | | (7) 失磁保护 | B | | | | |
| 28 | | | (8) 供电电源断错相保护 | B | | | | |
| 29 | | | (9) 正反向接触器故障保护 | B | | | | |
| 30 | 9 安全保护与防护装置检验 | 9.1 制动器 | (1) 工作制动器与安全制动器的设置 | A | | | | |
| 31 | | | (2) 制动器型式、制动性能 | A | | | | |
| 32 | | | (3) 制动器推动器漏油现象 | A | | | | |
| 33 | | | (4) 制动轮与摩擦片摩擦、缺陷和油污现象 | A | | | | |
| 34 | | | (5) 制动器调整 | A | | | | |
| 35 | | | (6) 制动轮裂纹、划痕、凹凸不平度 | A | | | | |
| 36 | | 9.2 起重量限制器 | (1) 起重量限制器设置 | A | | | | |
| 37 | | | (2) 试验 | A | | | | |
| 38 | | 9.3 力矩限制器 | (1) 起重力矩限制器设置及其试验 | A | | | | |
| 39 | | | (2) 回转力矩限制器设置及其试验 | A | | | | |

续表

| 序号 | 监检项目及其内容 | | | 类别 | 监检结果 | 工作见证 | 监检员 | 确认日期 |
|---|---|---|---|---|---|---|---|---|
| 40 | 9 安全保护与防护装置检验 | 9.4 起升高度（下降深度）限位器 | | A | | | | |
| 41 | | 9.5 料斗限位器 | | A | | | | |
| 42 | | 9.6 运行机构行程限位器 | | A | | | | |
| 43 | | 9.7 缓冲器和止挡装置 | | A | | | | |
| 44 | | 9.8 应急断电开关 | | A | | | | |
| 45 | | 9.9 连锁保护装置 | | A | | | | |
| 46 | | 9.10 超速保护装置 | | A | | | | |
| 47 | | 9.11 偏斜显示（限制）装置 | | A | | | | |
| 48 | | 9.12 防倾翻安全钩 | | B | | | | |
| 49 | | 9.13 扫轨板 | | B | | | | |
| 50 | | 9.14 导电滑触线防护板 | | B | | | | |
| 51 | | 9.15 防坠安全器 | | B | | | | |
| 52 | | 9.16 防风防滑装置 | | B | | | | |
| 53 | | 9.17 风速仪 | | B | | | | |
| 54 | | 9.18 防护罩、隔热装置 | | B | | | | |
| 55 | | 9.19 其他安全保护和防护装置 | | B | | | | |
| 56 | 10 性能试验 | 10.1 空载试验 | (1) 操纵机构、控制系统、安全防护装置动作 | A | | | | |
| 57 | | | (2) 各机构动作 | A | | | | |
| 58 | | | (3) 液压系统、润滑系统 | A | | | | |

续表

<table>
<tr><th>序号</th><th colspan="3">监检项目及其内容</th><th>类别</th><th>监检结果</th><th>工作见证</th><th>监检员</th><th>确认日期</th></tr>
<tr><td>59</td><td rowspan="15">10 性能试验</td><td rowspan="3">10.2 额定载荷试验</td><td>（1）制动下滑量</td><td>A</td><td></td><td></td><td></td><td></td></tr>
<tr><td>60</td><td>（2）挠度</td><td>A</td><td></td><td></td><td></td><td></td></tr>
<tr><td>61</td><td>（3）主要零件</td><td>A</td><td></td><td></td><td></td><td></td></tr>
<tr><td>62</td><td rowspan="3">10.3 静载荷试验</td><td>（1）主要受力结构件</td><td>A</td><td></td><td></td><td></td><td></td></tr>
<tr><td>63</td><td>（2）主要机构连接处</td><td>A</td><td></td><td></td><td></td><td></td></tr>
<tr><td>64</td><td>（3）其他情况</td><td>A</td><td></td><td></td><td></td><td></td></tr>
<tr><td>65</td><td rowspan="2">10.4 动载荷试验</td><td>（1）机构、零部件工作情况</td><td>A</td><td></td><td></td><td></td><td></td></tr>
<tr><td>66</td><td>（2）机构、结构件损坏情况</td><td>A</td><td></td><td></td><td></td><td></td></tr>
<tr><td>67</td><td rowspan="3">10.5 升降机吊笼坠落试验</td><td>（1）结构及其连接</td><td>A</td><td></td><td></td><td></td><td></td></tr>
<tr><td>68</td><td>（2）吊笼底板在各个方向的水平度偏差改变值</td><td>A</td><td></td><td></td><td></td><td></td></tr>
<tr><td>69</td><td>（3）制动距离</td><td>A</td><td></td><td></td><td></td><td></td></tr>
<tr><td>70</td><td rowspan="4">10.6 升船机过船联合试验</td><td>（1）试验项目、方法和要求</td><td>A</td><td></td><td></td><td></td><td></td></tr>
<tr><td>71</td><td>（2）各设备运行动作</td><td>A</td><td></td><td></td><td></td><td></td></tr>
<tr><td>72</td><td>（3）船只过坝过程中升船机整体运作</td><td>A</td><td></td><td></td><td></td><td></td></tr>
<tr><td>73</td><td>（4）额定载荷试验</td><td>A</td><td></td><td></td><td></td><td></td></tr>
</table>

续表

| 序号 | 监检项目及其内容 | | 类别 | 监检结果 | 工作见证 | 监检员 | 确认日期 |
|---|---|---|---|---|---|---|---|
| 74 | 11 质量管理体系运行情况 | (1) 现场施工组织机构、质量管理机构和质量控制系统责任人 | B | | | | |
| 75 | | (2) 现场作业人员的证件 | B | | | | |
| 76 | | (3) 施工过程中体系运转异常情况的处理 | B | | | | |
| 77 | | (4) 对监检机构或监检人员提出问题的处理和反馈情况 | B | | | | |
| 记事：(包括监检一次合格率、审查的射线检测底片编号、监检中一些主要问题等) | | | | | | | |
| 监检： | 日期： | | 审核： | | 日期： | | |

注：本项目表是按照本规则起重机械进行的检验项目及其内容编排的，检验机构应当针对不同类别、品种的起重机械，根据本规则规定的该类起重机械应当检验的具体项目和内容进行编制和填写，序号可以重新编排，保留项目及其内容原编号。本注实际不印制。

## 附件 D

# 特种设备监督检验工作联络单

编号：

______（受检单位名称）______：

经监督检验，你单位在(填设备品种或者设备名称) 的(项目) 过程中，存在以下问题，请于______年____月____日前将处理结果报送监检组或者监检机构：

<table>
<tr><td>问题和意见：<br><br><br><br>监检员：　　　　日期：<br><br>受检单位接收人：　　　　日期：</td></tr>
<tr><td>处理结果：<br><br><br><br>受检单位主管负责人：　　　　日期：　　　　（受检单位公章）<br>年　　月　　日</td></tr>
</table>

注：本联络单一式三份，一份监检机构存档，两份送受检单位，其中一份返回监检机构。

## 附件 E

# 特种设备监督检验工作意见通知书

编号：

_____(受检单位名称)_____：

经监督检验，你单位在(填设备种类或者设备名称)的(填项目)过程中，存在以下问题，请于_____年____月____日前将处理结果报送监检机构：

<table>
<tr><td>问题和意见：<br><br><br><br>监检员：　　　　日期：　　　　（监检机构章）<br>年　月　日<br>受检单位接收人：　　　　日期：</td></tr>
<tr><td>处理结果：<br><br><br><br>受检单位主管负责人：　　　　日期：　　　　（受检单位公章）<br>年　月　日</td></tr>
</table>

注：本通知书一式四份，一份监检机构存档，一份报当地安全监察机构，两份送受检单位，其中一份返回监检机构。

## 附件 F

# 起重机械安装改造重大维修监督检验证书

编号：

施 工 单 位 ：________________

安装改造维修许可证编号：________________

使 用 单 位 ：________________

使用单位地址：________________

制 造 单 位 ：________________

设 备 品 种 ：________ 型 号 规 格 ：________

产 品 编 号 ：________ 设 备 代 码 ：________

制 造 日 期 ：________ 额定起重量（起重力矩）：________（t·m）

跨 度（工作幅度）：________m 起 升 高 度 ：________m

起 升 速 度 ：________m/s 工 作 级 别 ：________

设备所在地点：________________

施 工 类 别 ：（新装、移装、改造、重大维修）

监检开始日期：________ 监检结束日期：________

按照《特种设备安全监察条例》、《起重机械安全监察规定》及其有关安全技术规范的规定，该台起重机械的（安装、改造、重大维修）经我机构监督检验，安全性能符合要求，特发此证书。

监检人员： 日期：

审 核： 日期：

批 准： 日期：

监检机构： （监检机构章）

机构核准号： 年 月 日

注：本证书一式三份，一份送施工单位，一份由施工单位交使用单位，一份监检机构存档。（用计算机打印，其横线“____”可不印制。括号内注不印制）

**附件 G**

报告编号：

# 起重机械安装改造重大维修监督检验报告

施　工　类　别：(新装、移装、改造、重大维修)

施　工　单　位：____________________

使　用　单　位：____________________

设　备　种　类：____________________

设　备　品　种：____________________

设　备　型　号：____________________

设　备　代　码：____________________

检　验　日　期：____________________

（印制检验机构名称）

（注：本报告中的监督检验项目及其内容是按照本规则起重机械应当进行的全部监检项目及其内容编排的，检验机构应当针对不同类别、品种的起重机械，根据本规则规定的该种类、品种起重机械应当检验的具体项目和内容进行编制和填写，序号可以重新排列，保留项目及其内容原编号。本注不印制）

## 注 意 事 项

1. 本报告是依据《起重机械安装改造重大维修规则》，对起重机进行安装改造重大维修监督检验的报告。

2. 报告书应当由计算机打印输出，或者用钢笔、签字笔填写，字迹要工整，涂改无效。

3. 本报告书无检验、审核、批准人员的签字和检验机构的核准证号、检验专用章或者公章无效。

4. 报告一式三份，由检验机构、施工单位和使用单位分别保存。

5. 受检单位对本报告结论如有异议，请在收到报告书之日起15个工作日内，向检验机构提出书面意见。

检验机构地址：

邮政编码：

联系电话：

# 起重机械安装改造重大维修监督检验结论报告

报告编号：

| 施工单位 | | | |
|---|---|---|---|
| 安装改造维修许可证编号 | | 施工单位负责人 | |
| 使用单位 | | | |
| 使用单位地址 | | | |
| 使用单位联系人 | | 使用单位安全管理人员 | |
| 制造单位 | | | |
| 制造许可证编号（型式试验备案号） | | 设备类别 | |
| 设备品种 | | 型号规格 | |
| 产品编号 | | 设备代码 | |
| 制造日期 | | 额定起重量（起重力矩） | T（t·m） |
| 跨度（工作幅度） | m | 起升高度 | m |
| 起升速度 | m/s | 工作级别 | |
| 施工类别 | （新装、移装、改造、重大维修） | | |
| 检验依据 | 起重机械安装改造重大维修监督检验规则（TSG Q7016—2008） | | |
| 检验结论 | | | |
| 备注 | | | |

| 监检人员： | 日期： | 检验机构核准证号： |
|---|---|---|
| 审 核： | 日期： | （机构检验专用章） |
| 批 准： | 日期： | 年 月 日 |

# 起重机械安装改造重大维修监督检验报告附页

报告编号：

| 序号 | 监检项目及其内容 | | 监检类别 | 监检结果 | 备注 |
|---|---|---|---|---|---|
| 1 | 1 设备选型 | | A | | |
| 2 | 2 产品技术文件 | （1）产品设计文件 | A | | |
| 3 | 2 产品技术文件 | （2）产品质量合格证明、安装及其使用维护说明 | A | | |
| 4 | 2 产品技术文件 | （3）型式试验合格证明 | A | | |
| 5 | 2 产品技术文件 | （4）制造监督检验证书 | A | | |
| 6 | 3 安装改造维修资格 | （1）安装改造维修许可证 | A | | |
| 7 | 3 安装改造维修资格 | （2）安装改造重大维修告知书 | A | | |
| 8 | 3 安装改造维修资格 | （3）现场安装改造维修作业人员的资格证件 | B | | |
| 9 | 4 施工作业（工艺）文件 | | B | | |
| 10 | 5 现场施工条件 | （1）基础验收证明 | B | | |
| 11 | 5 现场施工条件 | （2）安全距离和红色障碍灯 | B | | |
| 12 | 6 部件施工前检验 | （1）主要零部件合格证、铭牌 | B | | |
| 13 | 6 部件施工前检验 | （2）安全保护装置合格证、铭牌、型式试验证明 | B | | |
| 14 | 6 部件施工前检验 | （3）主要受力结构件主要几何尺寸 | B | | |
| 15 | 7 主要零部件施工过程与施工后检验 | （1）主要受力结构件连接 | B | | |
| 16 | 7 主要零部件施工过程与施工后检验 | （2）施工后主要受力结构件的主要几何尺寸 | B | | |
| 17 | 7 主要零部件施工过程与施工后检验 | （3）钢丝绳及其连接、吊具、滑轮组、卷筒 | B | | |
| 18 | 7 主要零部件施工过程与施工后检验 | （4）配重、压重 | B | | |
| 19 | 7 主要零部件施工过程与施工后检验 | （5）安全警示标识 | B | | |

续表

| 序号 | 监检项目及其内容 | | | 监检类别 | 监检结果 | 备注 |
|---|---|---|---|---|---|---|
| 20 | 8 电气与控制系统检验 | 8.1 电气设备与控制系统 | | B | | |
| 21 | | 8.2 电气保护装置 | (1) 接地保护 | B | | |
| 22 | | | (2) 绝缘电阻 | B | | |
| 23 | | | (3) 短路保护 | B | | |
| 24 | | | (4) 失压保护 | B | | |
| 25 | | | (5) 零位保护 | B | | |
| 26 | | | (6) 过流（过载）保护 | B | | |
| 27 | | | (7) 失磁保护 | B | | |
| 28 | | | (8) 供电电源断错相保护 | B | | |
| 29 | | | (9) 正反向接触器故障保护 | B | | |
| 30 | 9 安全保护与防护装置检验 | 9.1 制动器 | (1) 工作制动器与安全制动器的设置 | A | | |
| 31 | | | (2) 制动器型式、制动性能 | A | | |
| 32 | | | (3) 制动器推动器漏油现象 | A | | |
| 33 | | | (4) 制动轮与摩擦片摩擦、缺陷和油污现象 | A | | |
| 34 | | | (5) 制动器调整 | A | | |
| 35 | | | (6) 制动轮裂纹、划痕、凹凸不平度 | A | | |
| 36 | | 9.2 起重量限制器 | (1) 起重量限制器设置 | A | | |
| 37 | | | (2) 试验 | A | | |
| 38 | | 9.3 力矩限制器 | (1) 起重力矩限制器设置及其试验 | A | | |
| 39 | | | (2) 回转力矩限制器设置及其试验 | A | | |

续表

| 序号 | 监检项目及其内容 | | 监检类别 | 监检结果 | 备注 |
|---|---|---|---|---|---|
| 40 | 9 安全保护与防护装置检验 | 9.4 起升高度（下降深度）限位器 | A | | |
| 41 | | 9.5 料斗限位器 | A | | |
| 42 | | 9.6 运行机构行程限位器 | A | | |
| 43 | | 9.7 缓冲器和止挡装置 | A | | |
| 44 | | 9.8 应急断电开关 | A | | |
| 45 | | 9.9 连锁保护装置 | A | | |
| 46 | | 9.10 超速保护装置 | A | | |
| 47 | | 9.11 偏斜显示（限制）装置 | A | | |
| 48 | | 9.12 防倾翻安全钩 | B | | |
| 49 | | 9.13 扫轨板 | B | | |
| 50 | | 9.14 导电滑触线防护板 | B | | |
| 51 | | 9.15 防坠安全器 | B | | |
| 52 | | 9.16 防风防滑装置 | B | | |
| 53 | | 9.17 风速仪 | B | | |
| 54 | | 9.18 防护罩、隔热装置 | B | | |
| 55 | | 9.19 其他安全保护和防护装置 | B | | |
| 56 | 10 性能试验 | 10.1 空载试验 （1）操纵机构、控制系统、安全防护装置动作 | A | | |
| 57 | | （2）各机构动作 | A | | |
| 58 | | （3）液压系统、润滑系统 | A | | |

续表

| 序号 | 监检项目及其内容 | | | 监检类别 | 监检结果 | 备注 |
|---|---|---|---|---|---|---|
| 59 | 10 性能试验 | 10.2 额定载荷试验 | （1）制动下滑量 | A | | |
| 60 | | | （2）挠度 | A | | |
| 61 | | | （3）主要零件 | A | | |
| 62 | | 10.3 静载荷试验 | （1）主要受力结构件 | A | | |
| 63 | | | （2）主要机构连接处 | A | | |
| 64 | | | （3）其他情况 | A | | |
| 65 | | 10.4 动载荷试验 | （1）机构、零部件工作情况 | A | | |
| 66 | | | （2）机构、结构件损坏情况 | A | | |
| 67 | | 10.5 升降机吊笼坠落试验 | （1）结构及其连接 | A | | |
| 68 | | | （2）吊笼底板在各个方向的水平度偏差改变值 | A | | |
| 69 | | | （3）制动距离 | A | | |
| 70 | | 10.6 升船机过船联合试验 | （1）试验项日、方法和要求 | A | | |
| 71 | | | （2）各设备运行动作 | A | | |
| 72 | | | （3）船只过坝过程中升船机整体运作 | A | | |
| 73 | | | （4）额定载荷试验 | A | | |

续表

| 序号 | 监检项目及其内容 | | 监检类别 | 监检结果 | 备注 |
| --- | --- | --- | --- | --- | --- |
| 74 | 11 质量管理体系运行情况 | (1) 现场施工组织机构、质量管理机构和质量控制系统责任人 | B | | |
| 75 | | (2) 现场作业人员的证件 | B | | |
| 76 | | (3) 施工过程中体系运转异常情况的处理 | B | | |
| 77 | | (4) 对监检机构或监检人员提出问题的处理和反馈情况 | B | | |
| 备注: | | | | | |
| 监检: 日期: | | 审核: 日期: | | | |

注：监检结果填写“合格”、“不合格”、“无此项”，“不合格”应当在各自的备注栏或者总的备注栏予以说明。本注不印制。

## 《起重机械定期检验规则》

## TSG Q7015—2008

**第一条** 为了规范在用起重机械定期检验工作，根据《特种设备安全监察条例》、《起重机械安全监察规定》，制定本规则。

**第二条** 本规则规定的起重机械定期检验，是在起重机械使用单位进行经常性日常维护保养（以下简称维保）和自行检查的基础上，由国家质量监督检验检疫总局（以下简称国家质检总局）核准的特种设备检验检测机构（以下简称检验机构），依据本规则对纳入使用登记的在用起重机械进行的检验。

**第三条** 本规则适用于《特种设备安全监察条例》规定范围内的起重机械。纳入《特种设备目录》的起重机械，全部实施定期检验。

纳入《特种设备目录》没有实施安装监督检验以及整机形式出厂，直接交付使用单位的起重机械，在办理使用登记前由所在地检验检测机构依据本规则规定的检验项目及其内容、要求和方法进行检验（即设备投入使用前检验，简称首检），合格后方可办理使用登记。实施首检的起重机械目录见附件 A。

**第四条** 本规则的主要技术要求的依据是相关的特种设备安全技术规范及其相应标准。

**第五条** 在用起重机械定期检验周期如下：

（一）塔式起重机、升降机、流动式起重机每年 1 次，其中轮胎式集装箱门式起重机每 2 年 1 次；

（二）轻小型起重设备、桥式起重机、门式起重机、门座起重机、缆索起重机、桅杆起重机、铁路起重机、旋臂起重机、机械式停车设备每 2 年 1 次，其中吊运熔融金属和炽热金属的起重机每年 1 次。

性能试验中的额定载荷试验、静载荷试验、动载荷试验项目，首检时必须进行。

检验过程中，对作业环境特殊的起重机械，检验机构报经省级质量技术监督部门同意，可以适当缩短定期检验周期，但是最短周期不低于6个月。

注1：定期检验日期以安装改造重大维修监检、首检、停用后重新检验的检验合格日期为基准计算，以此类推（下次定检日期不因本周期内的复检、不合格整改或者逾期检验而变动）。

**第六条** 起重机械定期检验、首检的项目和要求，按照《起重机械定期检验项目及其内容、要求和方法》（见附件B）进行。

**第七条** 使用单位和检验机构应当执行本规则。使用单位对维保和自检的工作质量负责，检验机构对所承担的检验工作质量和检验结论的正确性、真实性负责。

**第八条** 检验机构应当依据本规则，制订包括检验程序、检验项目（含内容，下同）、检验方法和要求、检验记录等在内的检验方案（检验作业指导书），用于指导具体的检验工作。检验方案由检验机构的技术负责人批准。

检验程序至少包括检验前准备、现场检验、缺陷处理、检验结果汇总、结论判定和出具检验报告等。

本规则设定的检验项目，如果不能满足起重机械安全性能要求，或者其他特殊情况，检验机构可以根据具体情况，增加检验项目。增加的检验项目应当报经省级质量技术监督部门备案后执行。

**第九条** 使用单位应当配备专职或者兼职的安全管理人员，负责起重机械的安全管理工作，在起重机械定期检验周期届满前1个月向检验机构提出定期检验申请。

**第十条** 检验前，使用单位应当按照使用维护保养要求，对起重机械进行自检。对自检不合格的项目安排维保、修理。自检、维保、修理应当作出记录或者取得专业维保、修理单位的证明。自检记录和维保、修理证明应当经使用单位安全管理人员签署意见。

**第十一条**　检验前，使用单位应当进行以下准备工作：

（一）准备起重机械上次的检验报告、维保和自检记录等使用记录，以及检验工作需要的相关资料；

（二）拆卸需要拆卸才能进行检验的零部件、安全保护和防护装置，拆除受检部位妨碍检验的部件或者其他物品；

（三）将起重机械主要受力部件、主要焊缝，严重腐蚀部位，以及检验人员指定部位和部件清理干净，露出金属表面；

（四）需要登高进行检验（高于地面或者固定平面 2m 以上）的部位，采取可靠安全的登高措施；

（五）满足检验和安全需要的安全照明、工作电源，以及必要的检验辅助工具或者器械；

（六）需要固定后方可进行检验的可转动部件（包括可动结构），固定牢靠；

（七）需要进行载荷试验的，配备满足载荷试验所规定重量和相应型式的试验载荷；

（八）现场的环境和场地条件符合检验要求，没有影响检验的物品、设施，并且设置相应的警示标志；

（九）需要进行现场射线检测时，隔离出透照区，设置安全标志；

（十）防爆设备现场，具有良好的通风，确保环境空气中的爆炸性气体或者可燃性粉尘物质浓度低于爆炸下限的相应规定；

（十一）落实其他必要的安全保护和防护措施。

**第十二条**　进行首检的起重机械，使用单位除应当按照第十一条的第（二）至第（十一）项的规定进行准备外，还应当提供以下资料：

（一）产品技术文件，包括设计文件［总图、主要受力结构件图、电气原理图、液压（气动）系统原理图］、产品质量合格证明、安装使用维修说明等；

（二）制造许可证或者型式试验备案许可证明；

（三）产品监督检验证明（适用于实施监督检验的）；

（四）施工单位的安装许可证、安装告知书（适用于在使用现场安装，并且不实施安装监检，但是需要安装许可资质的）。

上述证明资料凡提供复印件的，应当加盖制造单位或者施工单位公章。

**第十三条** 检验机构接到使用单位定期检验申请后，应当及时安排至少两名具有相应检验资格的人员进行检验。

**第十四条** 对于使用时间超过15年以上、处于严重腐蚀环境（如海边、潮湿地区等）或者强风区域、使用频率高的大型起重机械，应当根据具体情况有针对性地增加其他检验手段，必要时根据大型起重机械实际安全状况和使用单位安全管理水平能力，进行安全评估。

**第十五条** 现场检验时，使用单位的起重机械安全管理人员和相关人员到场配合、协助检验工作，负责现场安全监护。

检验人员在检验现场，应当认真执行使用单位有关动火、用电、高空作业、安全防护、安全监护等规定，配备和穿戴检验必需的个体防护用品，确保检验工作安全。

检验人员到达检验现场，应当首先确认使用单位的检验准备工作。对于检验前准备工作不足，实施检验不能得出完整结论、需要在现场等待较长的检验准备时间、现场不具备安全检验条件、开展检验可能危及检验人员或者他人安全和健康的，经请示检验机构同意，检验人员可以终止检验，但是必须书面向使用单位说明原因，并且报当地质量技术监督部门和该起重机械的使用登记机关。

**第十六条** 检验用的仪器设备、计量器具和检测工具，纳入计量检定范围的，应当依法检定合格，并且在检定有效期内。

在易燃、易爆、绝缘等场所检验，使用的设备仪器、计量器具和检测工具应当符合现场环境的要求。

**第十七条** 检验时，检验人员应当进行记录。有具体数据要求的定量项目，记录实际测量数据；无量值要求的定性项目，用文字描述检验结果；需要另列表格或者附图的，另列表或者附图；对于无损检测和应力测试，应当在记录上进行准确定位。检验记录必须具有可追溯性。

注2：检验记录应当按照实际检验的起重机械进行编制，如果记录上的编制项目在实际检验中不存在，必须在记录中填写为“无此项”。

**第十八条** 检验结果判定原则如下：

（一）本规则规定的检验项目全部合格，综合判定为合格；

（二）本规则规定的检验项目有不合格项，综合判定为不合格。

**第十九条** 现场检验工作结束，检验人员应当当场向使用单位出具《特种设备检验意见通知书》[见附件C，以下简称检验意见书，分（1）和（2）两种]，并且由使用单位安全管理人员或者有关人员签字。

检验结论综合判定为合格的，出具检验意见书（1）；检验结论综合判定为不合格的，出具检验意见书（2），提出整改要求。

使用单位整改完成后，应当及时提出复检申请。复检的具体项目和方式由检验机构根据整改项目及其影响决定。

设备进行改造或者重大维修，按照《起重机械安装改造重大维修监督检验规则》（TSG Q7016）相关要求进行监检。

**第二十条** 检验机构在检验（包括复检）工作完成后的15个工作日内，出具《起重机械定期（首检）检验报告》（见附件D，以下简称检验报告）。检验报告应当经检验、审核、批准人员签字，加盖检验机构检验专用章或者公章。

**第二十一条** 检验报告的检验结论，分为“合格”、“复检合格”、“不合格”、“复检不合格”4种。其填写的条件如下：

（一）综合判定为“合格”的，检验结论为“合格”。

（二）综合判定为“不合格”，但是复检结果满足要求的，检验结论为“复检合格”。

（三）不满足本条以上两项条件，检验结论为“不合格”或者“复检不合格”。

**第二十二条** 检验报告中有具体数据要求的定量项目，应当在“检验结果”一栏中填写实际测量或者经统计、计算处理后的数据；无量值要求的定性项目，可在“检验结果”一栏中简要说明。“结论”一栏中只填写“合格”、“不合格”、“复检合格”、“复检不合格”、“无此项”等单项结论。

**第二十三条** 检验机构应当按照有关规定上报检验工作情况。定期检验报告检验结论为不合格的，应当将其检验情况书面报当地质量技术监督部门和该起重机械的使用登记机关。

**第二十四条** 定期检验或者首检合格的起重机械，检验机构应当按照规定向使用单位出具特种设备检验合格标志，使用单位应当张贴在规定位置。

**第二十五条** 检验工作完成后，检验机构应当将以下检验资料汇总存档，保存时间不少于5年：

（一）检验记录；

（二）检验报告；

（三）检验意见书；

（四）其他与检验工作相关的资料。

首检资料长期保存。

**第二十六条** 使用单位对检验结果有异议，应当在接到检验报告后的15日内书面向检验机构提出申诉意见；对申诉结果仍有异议的，可以书面形式向使用单位所在地设区的市级质量技术监督部门或者省级质量技术监督部门提出，必要时，可以直接向国家质检总局提出。受理机关对反映的问题应当及时调查予以处理。

**第二十七条** 吊运熔融非金属物料和炽热固态金属的起重机械定期检验，参照本规则对吊运熔融金属起重机械定期检验的相关要求执行。

**第二十八条** 本规则由国家质量监督检验检疫总局负责解释。

**第二十九条** 本规则自2009年4月1日起施行，2002年10

月 8 日国家质量监督检验检疫总局发布的《起重机械监督检验规程》（国质检锅［2002］296 号）、2002 年 5 月 16 日国家质量监督检验检疫总局发布的《施工升降机监督检验规程》（国质检锅［2002］121 号）同时作废。

## 附件 A

# 实施首检的起重机械目录表

| 序号 | 设备类别（类型） | 设备品种（型式） | 设备基本代码 |
|---|---|---|---|
| 1 | 流动式起重机 | 轮胎起重机 | 4410 |
| 2 | | 履带起重机 | 4420 |
| 3 | | 全路面起重机 | 4430 |
| 4 | | 集装箱正面吊运起重机 | 4440 |
| 5 | | 集装箱侧面吊运起重机 | 4450 |
| 6 | | 集装箱跨运车 | 4460 |
| 7 | | 轮胎式集装箱门式起重机 | 4470 |
| 8 | | 汽车起重机 | 4480 |
| 9 | | 随车起重机 | 4490 |
| 10 | 铁路起重机 | 蒸汽铁路起重机 | 4610 |
| 11 | | 内燃铁路起重机 | 4620 |
| 12 | | 电力铁路起重机 | 4630 |
| 13 | 门座起重机 | 港口台架起重机 | 4750 |
| 14 | | 液压折臂起重机 | 4770 |
| 15 | 升降机 | 电站提滑模装置 | 4840 |
| 16 | | 简易升降机 | 4870 |
| 17 | | 升降作业平台 | 4880 |
| 18 | | 高空作业车 | 4890 |
| 19 | 旋臂式起重机 | 柱式旋臂式起重机 | 4B10 |
| 20 | | 壁式旋臂式起重机 | 4B20 |
| 21 | | 平衡臂式起重机 | 4B30 |

续表

| 序号 | 设备类别（类型） | 设备品种（型式） | 设备基本代码 |
|---|---|---|---|
| 22 | 轻小型起重设备 | 输变电施工用抱杆 | 4C10 |
| 23 | | 电站牵引设备 | 4C20 |
| 24 | | 钢丝绳电动葫芦 | 4CB0 |
| 25 | | 防爆钢丝绳电动葫芦 | 4CC0 |
| 26 | | 环链电动葫芦 | 4CD0 |
| 27 | | 气动葫芦 | 4CE0 |
| 28 | | 防爆气动葫芦 | 4CF0 |
| 29 | | 带式电动葫芦 | 4CG0 |

注 A-1：以电动葫芦作为起升机构的下列起重机械实施首检：

(1) 固定式，指无运行机构，固定使用的；

(2) 单轨小车式，指主梁固定，具有运行机构，以单轨下翼缘作为运行轨道的；

(3) 双梁小车式，指主梁固定，由一台固定式电动葫芦和一双轨型电动小车架组成，该葫芦小车沿双梁桥架上两条轨道运行的；

(4) 单主梁角型小车式，指主梁固定，由一台固定式电动葫芦和一角型电动小车架组成的，该小车沿安装在单主梁桥架上两条轨道运行。

注 A-2：轮胎式集装箱门式起重机按照门式起重机检验项目进行检验并出具首检报告。

注 A-3：以整机滚装型式出厂的轨道式集装箱门式起重机、岸边集装箱起重机、装卸桥（特指岸边抓斗卸船机）不进行安装监检，按首检要求实施；如果不是以整机滚装型式出厂的，仍然进行安装监检，并出具监检证书。是否是整机滚装型式出厂，应当在产品质量证明书和制造监检证书中注明。

## 附件 B

## 起重机械定期检验项目及其内容、要求和方法

### B1 技术文件审查（不适用于首检）

根据使用单位提供的技术文件，审查上次检验报告，以及使用单位使用记录（包括日常使用状况记录、日常维护保养记录、自检记录、运行故障和事故记录等）是否齐全，并且是否存档保管。

注 B-1：对日常维护保养记录、自检记录，审查是否按照《起重机械使用管理规则》（TSG Q5001-2009）的和安装使用维修说明的要求进行，发现问题是否进行了处理。

### B2 作业环境和外观检查

检查起重机械的作业环境和起重机械外观是否符合以下要求：

（1）起重机械明显部位标注的额定起重量标志和安全检验合格标志清晰，符合规定；

（2）起重机械运动部分与建筑物、设施、输电线的安全距离符合相应标准，总高大于 30m 的室外起重机，在周围无高于起重机顶尖的建筑物等设施、有可能相碰或者有可能成为飞机起落飞行的危险障碍时，应当设置红色障碍灯，并且有效，障碍灯的电源不得受起重机停机影响而断电；

（3）防爆起重机上的安全保护装置、电气元件、照明器材等需要采用符合防爆要求的，不低于整机防爆级别和温度组别。

注 B-2：以下各个检验内容中的所指的检查，对检查方法没有明确规定的，一律为宏观检查。

### B3 司机室检查

对于设置司机室的起重机械，应当检查司机室是否符合以下要求：

（1）司机室配有灭火器和绝缘地板，各操作装置标志完好、

醒目；

（2）司机室的固定连接牢固，无明显缺陷，在露天工作设置防风、防雨、防晒等防护装置。

**B4　金属结构检验**

检查是否符合以下要求：

（1）主要受力构件（如主梁、主支撑腿、主副吊臂、标准节、吊具横梁等）无明显塑性变形，发现不能满足安全技术规范及其相应标准等要求时，应当予以报废；

（2）金属结构的连接焊缝无明显可见的焊接缺陷，螺栓和销轴等连接无松动，无缺件、损坏等缺陷；

（3）箱型起重臂（伸缩式）侧向单面调整间隙符合相关标准的规定，必要时进行测量。

**B5　轨道检查**

检查起重机械大车、小车轨道是否未出现明显松动，是否无影响其安全运行的明显缺陷。

**B6　主要零部件检查**

B6.1　总的要求

对各类起重机械的主要零部件（包括吊具、钢丝绳、滑轮、开式齿轮、车轮、卷筒、环链等），除按照相关安全技术规范及其相应标准检查是否磨损、变形、缺损，并且判断是否达到报废要求外，对吊具、钢丝绳、滑轮、导绳器还应当检查是否满足本规则 B6.2～B6.5 的要求。

B6.2　吊具

（1）电磁吸盘、抓斗、吊具横梁等吊具悬挂牢固可靠（适用于固定使用的）；

（2）吊钩应当设置防脱钩装置（司索人员无法靠近吊钩的除外），并且有效；

（3）吊钩不应当焊补，铸造起重机钩口防磨保护鞍座完整；

（4）防爆起重机防爆级别 IIC 级时，吊钩应采取能防止吊钩因撞击或摩擦而产生危险火花的措施。

B6.3　钢丝绳

B6.3.1　钢丝绳配置

（1）起重机械采用的钢丝绳与滑轮和卷筒匹配符合 GB 6067-1985《起重机械安全技术规程》的要求；

（2）吊运炽热和熔融金属的起重机械钢丝绳选用了适用于高温场合的钢丝绳，必要时检查其生产许可证；

（3）防爆起重机应当有防止钢丝绳脱槽的无火花材料制造的装置。

B6.3.2　钢丝绳固定

钢丝绳绳端固定牢固、可靠，压板固定时的压板不少于 2 个（电动葫芦不少于 3 个），除固定钢丝绳的圈数外，卷筒上至少保留 2 圈钢丝绳作为安全圈（多层卷绕安全圈为 3 圈）；卷筒上的绳端固定装置有防松或者自紧的性能；用金属压制接头固定时，接头无裂纹；用楔块固定时，楔套无裂纹，楔块无松动；用绳卡固定时，绳卡安装正确，绳卡数满足表 B-1 的要求。

**表 B-1　绳卡数**

| 钢丝绳直径（mm） | ≤19 | 19~32 | 32~38 | 38~44 | 44~60 |
|---|---|---|---|---|---|
| 绳卡数量（个） | 3 | 4 | 5 | 6 | 7 |

注 B-3：绳卡压板应当在钢丝绳长头一边，绳卡间距不应当小于钢丝绳直径的 6 倍。

B6.3.3　用于特殊场合的钢丝绳的报废

用于特殊场合的钢丝绳，使用中产生以下情况时，应当予以报废：

（1）吊运炽热金属、熔融金属或者危险品的起重机械用钢丝绳的报废断丝数达到按照 GB/T 5972—2006《起重机械用钢丝绳检验和报废实用规范》所规定的钢丝绳断丝数的一半（包括钢丝绳表面腐蚀进行的折减）；

（2）防爆型起重机钢丝绳有断丝。

B6.4　滑轮

铸造起重机不得使用铸铁滑轮。

B6.5　导绳器

配备有导绳装置的卷筒在整个工作范围内有效排绳，无卡阻现象。

## B7　电气与控制系统检查

B7.1　电气设备与控制功能

（1）检查电气设备与控制以及升降机（指升降作业平台，简易升降机）的操纵机构功能是否有效；

（2）检查防爆型、绝缘型、吊运熔融金属的起重机械电气设备及其元器件是否与工作环境的高温、防爆、绝缘等级相适应，并且有防护措施。

B7.2　电气线路对地绝缘电阻

按被检设备的电压等级确定检验方法。额定电压不大于500V时，断开电源，人为使起重机械上的接触器、开关全部处于闭合状态，使起重机械电气线路全部导通，将500V兆欧表L端接于电气线路，E端接于起重机械金属结构或者接地极上，测量绝缘电阻值；也可以采用分段测量的方法。测量时应当将容易击穿的电子元件短接。

检查是否符合以下要求：

(1)额定电压不大于500V时,一般环境中不低于0.8MΩ,潮湿环境中不低于0.4MΩ;

(2)绝缘起重机械,对电气线路对地、吊钩与滑轮、起升机构与小车架、小车架与大车的绝缘值进行测试,其值均不低于1 MΩ。

B7.3　起重机械接地

B7.3.1　电气设备接地

进行以下检查，必要时用仪表测量：

（1）检查用整体金属结构做接地干线时，金属结构的连接有非焊接处，是否采用另设接地干线或者跨接线的处理；

（2）检查起重机械上所有电气设备正常不带电的金属外壳、变压器铁芯及其金属隔离层、穿线金属管槽、电缆金属护层等是否与金属结构间有可靠的接地连接。

B7.3.2　金属结构接地

采用整体金属结构做接地干线时，整体金属结构与供电电源保护接地线应当可靠连接。不采用整体金属结构做接地干线时，电气设备正常情况下不带电的外露可导电部分应当直接与供电电源保护接地线连接。

检查接地型式，用接地电阻测量仪测量起重机械接地电阻。测量重复接地电阻时，应当把零线从接地装置上断开。检查是否符合以下要求：

（1）采用TN接地系统时，零线重复接地每一处的接地电阻不大于10Ω（测量时把接地线从重复接地体上断开）；

（2）采用TT接地系统时，起重机电气设备的外露可导电部分（电源保护接地线）的接地电阻不大于4Ω或者起重机械金属结构的接地电阻与漏电保护器动作电流的乘积不大于50V；

（3）采用IT接地系统时，起重机电气设备的外露可导电部分（电源保护接地线）的接地电阻不大于4Ω。

B7.4　总电源回路的短路保护

检查是否至少设置一级短路保护，自动断路器或者熔断器是否完好。

B7.5　失压保护

当起重机械供电电源中断后，凡涉及安全或者不宜自动开启的用电设备，均应当处于断电状态，以避免恢复供电后用电设备自动运行。

B7.6　零位保护（机构运行采用按钮控制的除外）

开始运转和失压后恢复供电时，必须先将控制器手柄置于零位后，该机构或者所有机构的电动机才能启动。

B7.7　供电电源断错相保护

采用通电试验方法，断开供电电源任意一根相线或者将任意两相线换接。检查有断错相保护的起重机械供电电源的断错相保护是否有效，总电源接触器是否接通。

B7.8　正反向接触器故障保护

用于吊运熔融金属的桥式起重机的起升机构（以电动葫芦为起升机构的除外），检查是否具有正反向接触器故障保护功能，防止电动机失电而制动器仍然在通电进而导致失速发生。

B7.9　电磁式起重机电磁铁电源

进行通电试验，检查是否符合以下要求：

（1）交流侧电源线，从总电源接触器进线端引接，能够保证起重机械内部各种原因使总电源接触器切断总电源时，起重电磁铁不断电；

（2）突然失电可能造成事故的场合，起重电磁铁设置备用电源。

B7.10　按钮盘的控制电源

（1）检查便携式（含地操、遥控）按钮盘的控制电源是否是安全电压（电压不应大于50V，以下同），按钮功能是否有效，必要时用电气仪表测量其电压；

（2）检查便携式地操按钮盘的控制电缆支承绳是否有效。

B7.11　照明安全电压

（1）检查起重机械的司机室、通道、电气室、机房等，其可移动式照明是否是安全电压，必要时进行测量；

（2）检查是否按规定禁用金属结构做照明线路的回路。

B7.12　信号指示

查验配置情况并且进行操作试验，检查以下装置是否有效：

（1）起重机械总电源开关状态在司机室内有明显的信号指示；

（2）起重机械（手电门控制除外）有警示音响信号，并且在起重机械工作场地范围内能够清楚地听到。

**B8　液压系统检查**

（1）检查平衡阀和液压锁与执行机构是否是刚性连接；

（2）检查液压回路是否无漏油现象；

（3）检查液压缸安全限位装置、防爆阀（或者截止阀）是否无损坏。

**B9 安全保护和防护装置检查**

B9.1 制动器

B9.1.1 制动器设置

动力驱动的起重机（液压缸驱动的除外），其起升、变幅、运行、回转机构都应当装可靠的制动装置。

工作制动器与安全制动器的设置还应当符合（TSG Q0002-2008）《起重机械安全技术监察规程—桥式起重机》第六十七条要求。

B9.1.2 制动器使用

检查制动器的使用情况是否符合以下要求，必要时进行操作和测量：

（1）制动器的零部件无裂纹、过度磨损、塑性变形、缺件等缺陷（制动片磨损达原厚度的50%或者露出铆钉时报废），液压制动器无漏油现象；

（2）制动器打开时制动轮与摩擦片无摩擦现象，制动器闭合时制动轮与摩擦片接触均匀，无影响制动性能的缺陷和油污（不适用于制动电机）；

（3）制动器调整适宜（不适用于制动电机）；

（4）制动器的推动器无漏油现象（不适用于制动电机）。

B9.2 超速保护装置

对额定起重量大于20t，用于吊运熔融金属的桥式起重机主起升机构，以及采用可控硅定子调压、涡流制动器、能耗制动、可控硅供电、直流机组供电调速及其他由于调速可能造成超速的起重机起升机构和变幅机构，检查其是否有超速保护装置。

B9.3 起升高度（下降深度）限位器

检查是否符合以下要求，并且进行动作试验：

（1）起升高度限位器有效；

（2）吊运炽热、熔融金属的起重机应当设置有不同形式的上升位置的双重高度限位器，并且能够控制不同的断路装置；

（3）吊具可能低于下极限位置时，或者吊运炽热、熔融金属的起重机起升高度大于20m时，应当设置下降深度限位器，并且工作有效。

B9.4　料斗限位器

检查料斗带式输送机系统是否有料斗限位器，并且进行动作试验。

B9.5　运行机构行程限位器

将大、小车分别运行至轨道端部，压上行程开关，检查大、小车运行（以下统称运行）机构行程限位器（电动单梁起重机，电动单梁悬挂起重机小车运行机构除外），是否能够停止向运行方向的运行。

B9.6　起重量限制器

额定起重量不随幅度变化的起重机械与塔式起重机，应当按照安全技术规范的要求设置起重量限制器，以环链电动葫芦作为起升机构的起重机械可以采用安全离合器的方式来达到超载保护功能。按照B9.6.1、B9.6.2要求进行检查、试验。

B9.6.1　首检设备

对起重量限制器，保持载荷离地面100～200mm，逐渐无冲击继续加载至1.05倍的额定起重量，检查是否切断上升方向动作，但是机构允许下降方向的运动。

对环链葫芦，在单速或者双速的快速和慢速情况下，提升1.6倍额定起重量的试验载荷时，安全离合器均应当打滑；提升1.25倍额定起重量的试验载荷，应当能正常提起载荷、安全离合器不打滑。

B9.6.2　在用设备

检查是否设置起重量限制器、是否未被短接。

B9.7　力矩限制器

检查是否按照安全技术规范的要求设置起重力矩限制器，

并且按照 B9. 7. 1、B9. 7. 2 进行检查、试验。

B9. 7. 1　首检设备

应当进行动作试验，检查当起重力矩达到 1. 05 倍的额定值时，是否能够切断上升和幅度增大方向的动力源，并且保证机构允许下降和减小幅度方向的运动。

B9. 7. 2　在用设备

在用设备定期检验时，可不进行动作准确度的检验，但是应当进行是否动作的功能检查。

B9. 8　抗风防滑装置（适用于露天工作的起重机械）

（1）查阅设计资料，检查是否按照规定设置夹钳、锚定装置或者铁鞋，检查起重机抗风防滑装置及其抗风防滑装置的连接部位是否符合规定；

（2）进行动作试验，检查钳口夹紧情况、锚定的可靠性以及电气保护装置的工作状况，其顶轨器、楔块式防爬器、自锁式防滑动装置功能是否有效；

（3）检查其零件是否有缺损。

B9. 9　防倾翻安全钩

检查在主梁一侧落钩的单主梁起重机防倾翻安全钩，当小车正常运行时，是否能够保证安全钩与主梁的间隙合理，运行无卡阻。

B9. 10　缓冲器和止挡装置

检查大、小车运行机构的轨道端部缓冲器、端部止挡装置是否完好，缓冲器与端部止挡装置或者与另一台起重机运行机构的缓冲器对接是否良好，端部止挡装置是否固定牢固，是否能够两边同时接触缓冲器，并且进行操作试验。

B9. 11　应急断电开关

检查起重机械应急断电开关是否能够切断起重机械动力电源，应急断电开关是否不能自动复位，是否设在司机操作方便的地方。

B9. 12　扫轨板或轨道清扫器

对设置扫轨板的起重机械，检查并且测量轨道在地面或者工作面的起重机械扫轨板下端距轨道踏面间隙是否符合要求（起重机械一般不大于10mm，其中塔式起重机不大于5mm）。

对设置轨道清扫器的起重机械，检查轨道清扫器功能设置是否有效。

B9.13　偏斜显示（限制）装置

对于大跨度（大于或者等于40m）的门式起重机和装卸桥，检查是否设置偏斜显示或者限制装置。

B9.14　连锁保护装置

检查出入起重机械的门、司机室到桥架上的门打开时，总电源是否能够接通，如处于运行状态，当门打开时，总电源是否断开，所有机构运行是否均停止。

B9.15　风速仪

检查起升高度大于50m的露天工作起重机是否安装风速仪，并且是否安装在起重机上部迎风处。

B9.16　水平仪

对额定起重量大于或者等于16t的汽车和轮胎起重机，起重量大于50t的履带起重机，检查水平仪是否完好。

B9.17　防护罩、隔热装置

检查起重机械上外露的有伤人可能的活动零部件防护罩，露天作业的起重机械的电气设备防雨罩等是否齐全，铸造起重机隔热装置是否完好。

B9.18　防后翻装置

进行以下检查，并且进行动作试验：

（1）检查动臂式起重机是否设置臂架低位置和臂架高位置的幅度限位开关（液压变幅除外）；

（2）检查钢丝绳变幅机构是否设置防臂架后倾装置。

B9.19　断绳（链）保护装置

检查小车变幅的塔式起重机的小车断绳保护装置是否有效。

B9.20　强迫换速装置

进行以下检查，并且进行实际试验和测量：

（1）对最大变幅速度超过40m/min的塔式起重机，在小车向外运行时，当起重力矩达到0.8倍的额定值时，检查是否自动转换为低速运行；

（2）检查当小车行程限位器开关动作后，是否能够保证小车停车时其缓冲距离大于200mm。

B9.21　回转限制装置

对回转部分不设集电器的起重机，检查是否安装回转限制装置。

对有自锁作用的回转机构，检查是否安装安全力矩联轴器。

B9.22　防脱轨装置

对塔式起重机，检查使小车运行时的防脱轨装置是否有效。

B9.23　电缆卷筒终端限位装置

手动进行试验，检查运行距离大于电缆长度时，电缆卷筒放缆终点开关功能是否有效，在卷筒上是否至少有两圈电缆。

B9.24　起升速度转换连锁保护装置

对门座起重机，检查当起升速度在大起重量时限制为低速、起重量（起升速度）在大幅度时限制为较小值（低速）等情况时，起重机械是否能够自动或者手动转换，并且有必要的连锁保护装置，试验连锁装置功能是否有效。

B9.25　铁路起重机专项安全保护和防护装置

检查下述保护装置是否有效：

（1）支腿回缩锁定装置，在回送状态时，伸腿油缸和支撑油缸设置的机械锁定装置；

（2）上车顺轨回转角度的限位保护装置；

（3）上车对中装置，上下车之间回送止摆装置；

（4）液压油滤清器堵塞报警装置；

（5）下车全方位对准仪；

（6）走行挂齿安全装置。

B9.26　高空作业车专项安全保护和防护装置

检查下述保护装置是否符合要求，并且进行操作试验：

（1）平台提升安全装置能有效防止系统出现故障时平台的自由下降；

（2）置于操作者应急位置的应急停止装置，在误操作情况下，能够有效地切断所有动力系统；

（3）辅助下落装置在主动力失效等事故时，保证作业车实现下降、缩回及其回转功能；

（4）防止倾翻的警笛或者其他报警装置有效；

（5）高空作业车各种动作的终点的限位装置有效。

B9.27　集装箱吊具专项保护装置

检查集装箱吊具伸缩止挡及其限位是否有效。

B9.28　升降机专项安全保护和防护装置

检查升降机设置的以下安全保护和防护装置是否可靠有效，并且进行试验：

（1）防坠安全器；

（2）基础围栏门机械锁钩和电气安全装置；

（3）吊笼门机械锁钩和电气安全装置（采用上、下两套操作室时，操作室之间应当有可靠的通讯联络设备，上下信号一致）；

（4）限位装置；

（5）极限开关；

（6）安全钩（适用于齿轮齿条式升降机）；

（7）缓冲器；

（8）钢丝绳防松弛装置；

（9）停层防坠落装置或者停位防坠落装置；

（10）断绳保护装置；

（11）超载保护装置；

（12）通道口连锁保护；

（13）安全钳、限速器；

（14）货厢门连锁保护装置；

（15）层门连锁保护装置；

（16）检修门锁和电气开关，在进入升降机的门打开时，总电源不能接通，如处于运行状态，总电源应当断开，所有机构运行均应当停止；

（17）横梁倾斜报警；

（18）水平指示装置；

（19）防倾翻报警装置；

（20）上、下工作装置的互锁或者锁定装置；

（21）辅助应急装置；

（22）船厢顶紧装置和夹紧装置、制动装置；

（23）应急出口门的安全开关。

B9.29 机械式停车设备专项安全保护和防护装置

进行实际操作试验，检查下列装置是否符合要求：

（1）长、宽、高限制装置，能够防止车辆长度、宽度、高度尺寸超限装置，当超过适停车辆尺寸时，机械不动作或者报警；

（2）阻车装置，在载车板上设置高度为25mm以上的阻车装置；

（3）警示装置，设置保证设备安全运行时必要的警示信号（声或者光）；

（4）防止超限运行装置，当到位开关出现故障时，超程限位开关能够使设备停止运转；

（5）人车误入检出装置，对不设库门的停车设备能够按照要求设置，当人或者车进入时，设备立即停止运转；

（6）载车板上汽车位置检测装置，当汽车没有停放到载车板上正确位置时，停车设备不能运行；

（7）出入口门、围栏连锁安全检查装置，当搬运器没有停放到准确位置时，出入口的门或者围栏等不能开启，当门或者围栏处于开启状态时，搬运器不能运行；

（8）防重叠自动检测装置，设置对车位状况（有无汽车）进行检测的装置，或者采取其他有效的防重叠措施；

（9）防载车板坠落装置，载车板运行到停车位后，为防止载车板因故突然落下的防止坠落装置有效，对于垂直升降类机械式停车设备断链或者断绳时的防搬运器坠落装置有效；

（10）防夹装置，能够防止汽车出入设备时自动门将汽车意外夹坏，自动门上防夹装置有效；

（11）缓冲器，升降机架顶部、底部设置的缓冲器有效承受其冲击；

（12）运转限制装置，保证在人员未出设备，设备不得启动，可进入设备的门关闭后，设备方可运转；

（13）断（松）绳保护、断（松）链保护，设置的断绳（链）、松绳（链）及其绳（链）伸长不均检测装置有效；

（14）应急停止开关，非自动复位的应急停止开关，在紧急情况下，能够迅速切断动力及其控制电源，但是并不切断电源插座、照明、通风、消防和报警电路的电源；

（15）通风装置（人车共乘式），在封闭式搬运器内设置；

（16）通讯装置（人车共乘式），在搬运器内设置与外部联络的通讯装置；

（17）应急救护装置（人车共乘式），在停电或者电气系统发生故障时，有应急救援的措施，应急出入口的设置符合 JB/T 10546—2006《汽车专用升降机》；

（18）安全钳和限速器，强制驱动式和曳引驱动式升降机（液压直顶式升降机除外）设置安全钳和限速器（人车共乘式），速度大于 0.63m/s 的升降机设置的安全钳是渐进式安全钳，当升降机坠落或者下降速度大于限速器的动作速度时，安全钳能够动作，并且切断驱动系统的电源，限速器和安全钳有型式试验证明。

B9.30　汽车专用升降机类停车设备专项安全保护和防护装置

除检查、试验 B9.28 的相关项目、内容外，还应当进行以下检验、试验：

（1）检查制导行程，当搬运器完全压在缓冲器上时，对重导轨的长度是否能够提供不小于0.3m的进一步的制导行程，当对重完全压在缓冲器上时，搬运器导轨的长度是否能够提供不小于0.3m的进一步的制导行程；

（2）检查底坑红色急停开关和电源插座，是否有非自动复位的红色急停开关和电源插座，是否有保证检修人员安全进入的设施；

（3）检查超载限制器是否有效；

（4）检查对人车共乘式汽车升降机设置的停电时使升降机慢速移动到安全位置的装置是否有效。

**B10　性能试验**

性能试验包括空载试验、额定载荷试验、静载荷试验、动载荷试验和有特殊要求时的试验（如升船机过船联合试验、密封性能试验等），其中在用起重机械定期检验只进行空载试验和有特殊要求时的试验（如升船机必须做过船联合试验、流动式起重机和铁路起重机必须做液压系统密封性试验），起重机械首检进行全部性能试验。

B10.1　空载试验

按照起升（升降）、回转、变幅、小车（横向移动）、大车（纵向移动）顺序对各类起重机进行空载运行试验，并且进行如下检查：

（1）检查各机构运转是否正常，制动是否可靠；

（2）检查操纵系统、电气控制系统工作是否正常；

（3）检查起重机械沿轨道全长运行是否有啃轨现象；

（4）检查各种安全装置工作是否可靠有效。

B10.2　额定载荷试验

在额定载荷下，进行以下检查：

（1）检查各运行机构是否运转正常；

（2）检查主要受力结构件是否无明显裂纹、连接松动，是否无构件损坏等影响起重机性能和安全的缺陷；

（3）对低定位精度要求的起重机，或者具有无级调速控制特性的起重机，采用低起升速度和低加速度能达到可接受定位精度的起重机，挠度要求不大于 S/500；使用简单控制系统就能达到中等定位精度的起重机，挠度要求不大于 S/750；需要高定位精度的起重机，挠度要求不大于 S/1000。

注 B-4：定位精度要求的实现取决于不同调速控制系统的完善程度和不同静态刚性指标的互补性匹配，而可接受定位精度是指低与中等之间的定位精度。调速控制系统和就位精度根据该产品设计文件确定，若设计文件对该要求不明确的，对 A1～A3 级，挠度不大于 S/700；对 A4～A6 级，挠度不大于 S/800；对 A7、A8 级，挠度不大于 S/1000；悬臂端不大于 $L_1$/350 或者 $L_2$/350。

其中：S—跨度，m；

$L_1$、$L_2$—悬臂端长，m（以下均同）。

B10.3　升船机过船联合试验

进行船厢无船联合试验的各项试验和船舶探测装置试验，检查以下试验是否满足设计要求：

（1）联合试验的各项试验和船舶探测装置试验项目、方法和要求；

（2）各设备运行动作的准确性；

（3）验证船只过坝过程中升船机整体运作的正确性、可靠性和安全性；

（4）按照规定进行的额定载荷试验是否符合要求。

B10.4　液压系统密封性能试验

按照额定载荷试验工况在相应幅度下起吊最大额定起重量，试验载荷在空中停稳后发动机熄火 15min 进行检查，对于新出厂或者大修、改造后的起重机油缸回缩量（小数点保留一位）不得超过 2.0mm，重物下降量不得超过 15mm；在用起重机油缸回缩量不得超过 6mm。

注 B-5：对于本规则实施前已经投入使用的起重机械（以下简称旧设备），如果最近一次检验是按照原《起重机械监督检验规程》（国质检锅［2002］296 号）和《施工升降机监督检验规程》（国质检锅［2002］121

号）进行检验，发现存在不合格项，但是使用单位已经按照要求采取了有效的措施，允许使用单位在继续采取有效措施的情况下可以继续使用，可以按照合格项对待，不影响最后按照本规则进行定期检验的综合判断，但是需要在该检验项目的备注栏中注明。

注 B-6：各类起重机检验适用项目如下（有些具体项目还要根据设备的品种进行选择，本规则中新增的一些检验项目，对于旧设备可作“无此项”处理，如流动式起重机的 B9.6）：

（1）桥式起重机，B1 ~ B9.6、B9.8 ~ B9.15、B9.17、B9.27、B10.1（不设司机室的桥式和门式起重机，其 B7.2 不检）；

（2）门式起重机，同桥式起重机；

（3）塔式起重机，B1 ~ B7.8、B7.10 ~ B8、B9.1、B9.3、B9.5 ~ B9.8、B9.10 ~ B9.12、B9.15、B9.17 ~ B9.22、B10.1；

（4）流动式起重机，B1 ~ B4、B6、B7.1 ~ B7.8、B7.10、B7.12 ~ B9.1、B9.3、B9.6、B9.7、B9.11、B9.15 ~ B9.18、B9.27、B10.1、B10.4；

（5）铁路起重机，B1 ~ B6、B7.1 ~ B7.8、B7.10、B7.12、B7.13、B8、B9.1、B9.3、B9.6、B9.7、B9.11、B9.16 ~ B9.18、B9.25、B9.27、B10.1、B10.4；

（6）门座起重机，B1 ~ B6、B7.1 ~ B7.7、B7.10、B7.12、B8、B9.1 ~ B9.8、B9.10、B9.11、B9.12、B9.15、B9.17、B9.18、B9.24、B9.27、B10.1；

（7）升降机，B1 ~ B5、B6.1、B6.3、B7.1 ~ B7.5、B7.7 ~ B7.8、B7.12、B8、B9.1、B9.28、B10，其中施工升降机的 B9.28 为（1）、（2）、（3）、（4）、（5）、（6）、（7）、（8）、（9）、（10）、（23），曲线施工升降机的 B9.28 为（1）、（4）、（5）、（6）、（7）、（11）、（12），锅炉炉膛检修平台的 B9.28 为（4）、（10）、（11），钢索式液压提升装置的 B9.28 为（11）、（17）、（20），电站提滑模装置的 B9.28 为（3）、（4）、（5）、（10），升船机中的 B9.28 为（22），简易升降机的 B9.28 为（4）、（5）、（7）、（8）、（9）、（10）、（11）、（13）、（14）、（15）、（16），升降作业平台的 B9.28 为（4）、（9）、（18）、（19）、（20）、（21），其中高空作业车为 B1、B2、B4、B6、B7.1 ~ B7.8、B7.12 ~ B9.1、B9.3、B9.6、B9.7、B9.11、B9.15 ~ B9.18、B9.26、B10.1；

（8）缆索起重机，B1 ~ B8、B9.1 ~ B9.3、B9.5、B9.6、B9.8、B9.10 ~

B9.13、B9.15、B9.17、B10.1；

（9）桅杆起重机，B1～B8、B9.1～B9.3、B9.5～B9.8、B9.10～B9.12、B9.14、B9.15、B9.18、B10.1；

（10）旋臂式起重机，B1、B2、B4～B6、B7.1～B7.4、B7.11～B7.13、B9.1、B9.3、B9.5、B9.6、B9.10、B9.11、B9.17、B10.1；

（11）轻小型起重设备，B1、B2、B4～B6、B7.1～B7.4、B7.11～B7.13、B9.1、B9.3、B9.6、B9.10、B9.11、B9.17、B10.1，其中电动葫芦为 B1、B6、B7.1、B7.4、B7.11、B9.1、B9.3、B9.6、B9.10、B9.11、B10.1；

（12）机械式停车设备，B1、B2、B4～B6、B7.1～B7.5、B7.7、B7.8、B7.11～B7.13、B8、B9.1、B9.17、B9.29、B9.30、B10.1，其中升降横移类机械式停车设备的 B9.29 为（1）（限长）、（2）、（3）、（4）、（5）、（6）、（9）、（13）、（14），垂直循环类机械式停车设备的 B9.29 为（1）（限长）、（2）、（3）、（4）、（12）、（13）、（14），多层循环类机械式停车设备的 B9.29 为（1）（限长）、（2）、（3）、（4）、（7）、（9）、（10）、（11）、（12）、（14），平面移动类机械式停车设备的 B9.29 为（1）（限长）、（2）、（3）、（4）、（7）、（9）、（10）、（11）、（14）项，巷道堆垛类机械式停车设备的 B9.29 为（1）、（3）、（4）、（6）、（7）、（8）、（9）、（10）、（11）、（12）、（14），水平循环类机械式停车设备的 B9.29 为（1）、（2）、（3）、（4）、（7）、（9）、（10）、（11）、（12）、（14），垂直升降类机械式停车设备的 B9.29 为（1）、（2）、（3）、（4）、（6）、（7）、（8）、（9）、（10）、（11）、（12）、（13）、（14），简易升降类机械式停车设备的 B9.29 为（1）（限长）、（2）、（3）、（4）、（9）、（13）、（14），汽车专用升降机类停车设备的 B9.29 为（1）（限长）、（3）、（4）、（6）、（7）、（10）、（11）、（14）、（15）、（16）、（17）、（18），B9.30。

## B11　首检附加检验项目

首检项目除应当按照上述定期检验项目检验外，还应当增加以下项目：

B11.1　产品技术文件

根据使用单位提供的产品技术文件，检查是否符合以下要求：

（1）起重机械设计文件［总图、主要受力结构件图、电气原理图、液压（气动）系统原理图］齐全，并且存档保管；

（2）产品制造单位的有效资格证明、产品质量合格证明、安装使用维护说明书等随机资料，以及安全保护装置的型式试验合格证明齐全，还应当提供自检记录。

B11.2　起重机械的作业环境和起重机外观

检查通向起重机械通道、起重机械上的通道和净空高度、梯子、栏杆安全现状是否符合 GB 6067-1985 和相应标准的要求。

B11.3　性能试验

（1）静载荷试验，按照相应要求进行静载荷试验，检查主要受力结构件是否无明显裂纹、永久变形、油漆剥落，主要机构连接处是否未出现松动或者损坏，是否无影响性能和安全的其他损坏；

（2）动载荷试验，按照相应要求进行动载荷试验，检查各机构是否动作灵活、制动性能可靠，结构和机构无损坏，连接无松动。

## 附件 C

# 特种设备检验工作意见通知书

### 特种设备检验工作意见通知书（1）

编号：

| 设备种类 | | 设备类别（类型） | |
|---|---|---|---|
| 设备品种（型式） | | 设备名称 | |
| 设备型号 | | 设备使用登记号 | （首检时填“首检”） |
| 设备代码 | | 单位内部编号 | |
| 受检单位 | | | |
| 检验日期 | | 检验项目 | （首检、定期） |
| 检验意见： | | | |
| 检验结论：<br>本通知有效期： 年 月 日止<br>检验人员： （检验机构检验专用章）<br>年 月 日<br>受检单位代表： 日期： | | | |

注：1. 本通知书一式二份，检验机构、受检单位各一份。本通知书在有效期内有效；

2. 各栏可另附页。

## 特种设备检验工作意见通知书（2）

编号：

______（填受检单位名称）______：

经检验，你单位（填写设备种类）（设备品种：______，设备名称：______，设备代码：______，设备使用登记证编号：______，单位内编号：______）存在以下问题，请将处理结果报送我机构：

<table>
<tr><td>问题和意见：<br><br><br><br>检验员：　　　　日期：　　　　（检验机构检验专用章）<br>年　月　日<br>受检单位接受人：　　　　日期：</td></tr>
<tr><td>处理结果：<br><br><br><br>受检单位主管负责人：　　　　日期：　　　　（受检单位公章）<br>年　月　日</td></tr>
</table>

注：1. 本通知书一式三份，一份检验机构存档，两份送受检单位，受检单位应当在要求的期限内将一份返回检验机构；

2. 未取得有效的合格证明，设备严禁投入使用；

3. 各栏可另附页。

**附件 D**

报告编号：

## 起重机械定期（首检）检验报告

使 用 单 位：________________________

设 备 种 类：________________________

设 备 品 种：________________________

设 备 型 号：________________________

设 备 代 码：________________________

使用登记证编号：________________________

检 验 日 期：________________________

（印制定期检验机构名称）

注：本报告是按照本规则起重机械应当进行的全部检验项目及其内容编排的，检验机构应当针对不同类别、品种的起重机械，根据本规则规定的该类别、品种起重机械应当检验的具体项目和内容进行编制和填写，序号可以重新排列，保留项目和内容编号。本注不印制

## 注 意 事 项

1. 本报告是依据《起重机械定期检验规则》，对在用起重机进行定期检验的结论报告。

2. 报告书应当由计算机打印输出，或者用钢笔、签字笔填写，字迹要工整，涂改无效。

3. 本报告书无检验、审核、批准人员的签字和检验机构的核准证号、检验专用章或者公章无效。

4. 报告一式二份，由检验机构和使用单位分别保存。

5. 受检单位对本报告结论如有异议，请在收到报告书之日起15个工作日内，向检验机构提出书面意见。

6. 本报告对检验时的设备状况负责。

检验机构地址：

邮政编码：

联系电话：

## 起重机械定期（首检）检验结论报告

报告编号：

<table>
<tr><td>使用单位</td><td colspan="3"></td></tr>
<tr><td>使用单位地址</td><td colspan="3"></td></tr>
<tr><td>组织机构代码</td><td></td><td>使用地点</td><td></td></tr>
<tr><td>安全管理人员</td><td></td><td>联系电话</td><td></td></tr>
<tr><td>设备品种</td><td></td><td>单位内编号</td><td></td></tr>
<tr><td>制造单位</td><td colspan="3"></td></tr>
<tr><td>制造许可证编号<br>（型式试验备案号）</td><td></td><td>设备代码</td><td></td></tr>
<tr><td>制造日期</td><td></td><td>规格型号</td><td></td></tr>
<tr><td>产品编号</td><td></td><td>工作级别</td><td></td></tr>
<tr><td>最大幅度起重量/<br>额定起重量</td><td>/t</td><td>最大起重力矩</td><td>Nm</td></tr>
<tr><td>起升高度</td><td>m</td><td>起升速度</td><td>m/s</td></tr>
<tr><td>大车运行速度</td><td>m/min</td><td>小车运行速度</td><td>m/min</td></tr>
<tr><td>检验依据</td><td colspan="3">起重机械定期检验规则（TSG Q7015-2008）</td></tr>
<tr><td>主要检验<br>仪器设备</td><td colspan="3">（可另附页）</td></tr>
<tr><td>检验结论</td><td colspan="3"></td></tr>
<tr><td>备　注</td><td colspan="3"></td></tr>
<tr><td colspan="2">下次定期检验日期：　　年　　月</td><td colspan="2" rowspan="4">检验机构核准证号：<br><br>（机构检验专用章）<br>年　　月　　日</td></tr>
<tr><td colspan="2">检　验：　　　　日期：</td></tr>
<tr><td colspan="2">审　核：　　　　日期：</td></tr>
<tr><td colspan="2">批　准：　　　　日期：</td></tr>
</table>

## 起重机械定期（首检）检验报告附页

报告编号：

<table>
<tr><th>序号</th><th colspan="4">检验项目及其内容</th><th>检验结果</th><th>检验结论</th><th>备注</th></tr>
<tr><td>1</td><td>B1 技术文件审查</td><td colspan="3">定期检验报告、使用记录</td><td></td><td></td><td></td></tr>
<tr><td>2</td><td rowspan="3">B2 作业环境和外观检查</td><td colspan="3">（1）额定起重量标志、检验合格标志</td><td></td><td></td><td></td></tr>
<tr><td>3</td><td colspan="3">（2）安全距离、红色障碍灯</td><td></td><td></td><td></td></tr>
<tr><td>4</td><td colspan="3">（3）防爆起重机安全保护装置及其电气元件、照明器材</td><td></td><td></td><td></td></tr>
<tr><td>5</td><td rowspan="2">B3 司机室检查</td><td colspan="3">（1）灭火器、绝缘地板、标志</td><td></td><td></td><td></td></tr>
<tr><td>6</td><td colspan="3">（2）连接、防护装置</td><td></td><td></td><td></td></tr>
<tr><td>7</td><td rowspan="3">B4 金属结构检查</td><td colspan="3">（1）主要受力结构件</td><td></td><td></td><td></td></tr>
<tr><td>8</td><td colspan="3">（2）金属结构的连接</td><td></td><td></td><td></td></tr>
<tr><td>9</td><td colspan="3">（3）箱形起重臂（伸缩式）侧向单面调整间隙</td><td></td><td></td><td></td></tr>
<tr><td>10</td><td colspan="4">B5 轨道检查（大车、小车轨道）</td><td></td><td></td><td></td></tr>
<tr><td>11</td><td rowspan="13">B6 主要零部件的检查</td><td colspan="3">B6.1 总的情况（磨损、变形、缺损）</td><td></td><td></td><td></td></tr>
<tr><td>12</td><td rowspan="4">B6.2 吊具</td><td colspan="2">（1）吊具的悬挂</td><td></td><td></td><td></td></tr>
<tr><td>13</td><td colspan="2">（2）吊钩的防脱钩装置</td><td></td><td></td><td></td></tr>
<tr><td>14</td><td colspan="2">（3）吊钩焊补、铸造起重机钩口防磨保护鞍座</td><td></td><td></td><td></td></tr>
<tr><td>15</td><td colspan="2">（4）防爆起重机吊钩防止吊钩因撞击或者摩擦的措施</td><td></td><td></td><td></td></tr>
<tr><td>16</td><td rowspan="6">B6.3 钢丝绳</td><td rowspan="3">B6.3.1 钢丝绳配置</td><td>（1）钢丝绳匹配</td><td></td><td></td><td></td></tr>
<tr><td>17</td><td>（2）吊运炽热和熔融金属钢丝绳及其生产许可证</td><td></td><td></td><td></td></tr>
<tr><td>18</td><td>（3）防爆起重机防止钢丝绳脱槽装置</td><td></td><td></td><td></td></tr>
<tr><td>19</td><td colspan="2">B6.3.2 钢丝绳固定</td><td></td><td></td><td></td></tr>
<tr><td>20</td><td rowspan="2">B6.3.3 用于特殊场合的钢丝绳的报废</td><td>（1）吊运炽热金属、熔融金属或者危险品的起重机械用钢丝绳的断丝数</td><td></td><td></td><td></td></tr>
<tr><td>21</td><td>（2）防爆型起重机钢丝绳断丝情况</td><td></td><td></td><td></td></tr>
<tr><td>22</td><td colspan="3">B6.4 滑轮（铸造起重机）</td><td></td><td></td><td></td></tr>
<tr><td>23</td><td colspan="3">B6.5 导绳器</td><td></td><td></td><td></td></tr>
</table>

续表

| 序号 | 检验项目及其内容 | | | | 检验结果 | 检验结论 | 备注 |
|---|---|---|---|---|---|---|---|
| 24 | B7 电气与控制系统检查 | B7.1 电气设备与控制功能 | | （1）电气设备与控制 | | | |
| 25 | | | | （2）防爆型、绝缘型、吊运熔融金属的起重机械电气设备及其元器件 | | | |
| 26 | | B7.2 电气线路对地绝缘电阻 | | （1）额定电压不大于500V的电阻（或者其他电压的电阻）（MΩ） | | | |
| 27 | | | | （2）绝缘型起重机械绝缘电阻（MΩ） | | | |
| 28 | | B7.3 起重机械接地 | B7.3.1 电气设备接地 | （1）用金属结构做接地干线，非焊处的处理 | | | |
| 29 | | | | （2）电气设备与金属结构间的接地连接 | | | |
| 30 | | | B7.3.2 金属结构接地 | 接地电阻（Ω） | | | |
| 31 | | B7.4 总电源回路的短路保护 | | | | | |
| 32 | | B7.5 总电源失压（失电）保护 | | | | | |
| 33 | | B7.6 零位保护 | | | | | |
| 34 | | B7.7 供电电源断错相保护 | | | | | |
| 35 | | B7.8 正反向接触器故障保护 | | | | | |
| 36 | | B7.9 电磁式起重机电磁铁电源 | | （1）交流侧电源线的引接 | | | |
| 37 | | | | （2）电磁铁的备用电源 | | | |
| 38 | | B7.10 按钮盘的控制电源 | | （1）控制电源安全电压，按钮功能 | | | |
| 39 | | | | （2）便携式地操按钮盘的控制电缆支承绳 | | | |
| 40 | | B7.11 照明安全电压 | | （1）照明安全电压（V） | | | |
| 41 | | | | （2）禁用金属结构做照明线路的回路 | | | |
| 42 | | B7.12 信号指示 | | （1）总电源开关状态的信号指示 | | | |
| 43 | | | | （2）警示音响信号 | | | |
| 44 | B8 液压系统检查 | （1）平衡阀和液压锁与执行机构连接 | | | | | |
| 45 | | （2）液压回路漏油现象 | | | | | |
| 46 | | （3）液压油缸安全限位装置、防爆阀（截止阀） | | | | | |

续表

| 序号 | 检验项目及其内容 | | | | 检验结果 | 检验结论 | 备注 |
|---|---|---|---|---|---|---|---|
| 47 | B9安全保护和防护装置检查 | B9.1 制动器 | B9.1.1 制动器设置 | | | | |
| 48 | | | B9.1.2 制动器使用情况 | （1）制动器的零部件缺陷、液压制动器漏油现象 | | | |
| 49 | | | | （2）制动轮与摩擦片摩擦、缺陷和油污情况 | | | |
| 50 | | | | （3）制动器调整情况 | | | |
| 51 | | | | （4）制动器推动器漏油现象 | | | |
| 52 | | B9.2 超速保护装置 | | | | | |
| 53 | | B9.3 起升高度(下降深度)限位器 | （1）起升高度限位器 | | | | |
| 54 | | | （2）吊运炽热、熔融金属起升机构高度限位器 | | | | |
| 55 | | | （3）起重机下降深度限位器 | | | | |
| 56 | | B9.4 料斗限位器 | | | | | |
| 57 | | B9.5 运行机构行程限位器 | | | | | |
| 58 | | B9.6 起重量限制器 | B9.6.1 首检设备 | | | | |
| 59 | | | B9.6.2 在用设备 | | | | |
| 60 | | B9.7 力矩限制器 | B9.7.1 首检设备 | | | | |
| 61 | | | B9.7.2 在用设备 | | | | |
| 62 | | B9.8 抗风防滑装置 | （1）抗风防滑装置设置及其连接 | | | | |
| 63 | | | （2）动作试验 | | | | |
| 64 | | | （3）零件缺陷情况 | | | | |
| 65 | | B9.9 防倾翻安全钩 | | | | | |
| 66 | | B9.10 缓冲器和止挡装置 | | | | | |
| 67 | | B9.11 应急断电开关 | | | | | |
| 68 | | B9.12 扫轨板或轨道清扫器 | | | | | |
| 69 | | B9.13 偏斜显示（限制）装置 | | | | | |
| 70 | | B9.14 连锁保护装置 | | | | | |
| 71 | | B9.15 风速仪 | | | | | |
| 72 | | B9.16 水平仪 | | | | | |
| 73 | | B9.17 防护罩、隔热装置 | | | | | |
| 74 | | B9.18 防后翻装置 | （1）动臂式起重机臂架幅度限位开关 | | | | |
| 75 | | | （2）钢丝绳变幅机构防臂架后倾装置 | | | | |

续表

| 序号 | | | 检验项目及其内容 | 检验结果 | 检验结论 | 备注 |
|---|---|---|---|---|---|---|
| 76 | B9 安全保护和防护装置检查 | B9.19 断绳(链)保护装置 | 塔式起重机小车断绳保护装置 | | | |
| 77 | | B9.20 强迫换速装置 | (1) 自动转换为低速运行 | | | |
| 78 | | | (2) 小车停车时缓冲距离 | | | |
| 79 | | B9.21 | 回转限制装置 | | | |
| 80 | | B9.22 | 防脱轨装置 | | | |
| 81 | | B9.23 | 电缆卷筒终端限位装置 | | | |
| 82 | | B9.24 | 起重量起升速度转换连锁保护装置 | | | |
| 83 | | B9.25 铁路起重机专项安全保护和防护装置 | (1) 支腿回缩锁定装置 | | | |
| 84 | | | (2) 上车顺轨回转角度的限位保护装置 | | | |
| 85 | | | (3) 上车对中装置，上下车之间回送止摆装置 | | | |
| 86 | | | (4) 液压油滤清器堵塞报警装置 | | | |
| 87 | | | (5) 下车全方位对准仪 | | | |
| 88 | | | (6) 走行挂凶安全装置 | | | |
| 89 | | B9.26 高空作业车专项安全保护和防护装置 | (1) 平台提升安全装置 | | | |
| 90 | | | (2) 应急停止装置 | | | |
| 91 | | | (3) 辅助下落装置 | | | |
| 92 | | | (4) 警笛或者其他报警装置 | | | |
| 93 | | | (5) 终点的限位装置 | | | |
| 94 | | B9.27 | 集装箱吊具专项保护装置 | | | |
| 95 | | B9.28 升降机专项安全保护和防护装置 | (1) 防坠安全器 | | | |
| 96 | | | (2) 基础围栏门机械锁钩和电气安全装置 | | | |
| 97 | | | (3) 吊笼门机械锁钩和电气安全装置、通讯联络设备 | | | |
| 98 | | | (4) 限位装置 | | | |
| 99 | | | (5) 极限开关 | | | |
| 100 | | | (6) 安全钩 | | | |
| 101 | | | (7) 缓冲器 | | | |

续表

| 序号 | 检验项目及其内容 | | | 检验结果 | 检验结论 | 备注 |
|---|---|---|---|---|---|---|
| 102 | B9安全保护和防护装置检查 | B9.28升降机专项安全保护和防护装置 | （8）钢丝绳防松弛装置 | | | |
| 103 | | | （9）防坠落装置 | | | |
| 104 | | | （10）断绳保护装置 | | | |
| 105 | | | （11）超载保护装置 | | | |
| 106 | | | （12）通道口连锁保护 | | | |
| 107 | | | （13）安全钳、限速器 | | | |
| 108 | | | （14）货厢门连锁保护装置 | | | |
| 109 | | | （15）层门连锁保护装置 | | | |
| 110 | | | （16）检修门锁和电气开关 | | | |
| 111 | | | （17）横梁倾斜报警 | | | |
| 112 | | | （18）水平指示装置 | | | |
| 113 | | | （19）防倾翻报警装置 | | | |
| 114 | | | （20）上、下工作装置互锁（锁定装置） | | | |
| 115 | | | （21）辅助应急装置 | | | |
| 116 | | | （22）船厢顶紧和夹紧装置、制动装置 | | | |
| 117 | | | （23）紧急出口门的安全开关 | | | |
| 118 | | B9.29机械式停车设备专项安全保护和防护装置 | （1）长、宽、高限制装置 | | | |
| 119 | | | （2）阻车装置 | | | |
| 120 | | | （3）警示装置 | | | |
| 121 | | | （4）防止超限运行装置 | | | |
| 122 | | | （5）人车误入检出装置 | | | |
| 123 | | | （6）载车板上汽车位置检测装置 | | | |
| 124 | | | （7）出入口门、围栏连锁安全检查装置 | | | |
| 125 | | | （8）防重叠自动检测装置 | | | |
| 126 | | | （9）防载车板坠落装置 | | | |
| 127 | | | （10）防夹装置 | | | |
| 128 | | | （11）缓冲器 | | | |
| 129 | | | （12）运转限制装置 | | | |
| 130 | | | （13）断绳（链）保护、松绳（链）伸长不均检测装置 | | | |
| 131 | | | （14）应急停止开关、非自动复位的紧急停止开关 | | | |

续表

<table>
<tr><th>序号</th><th colspan="3">检验项目及其内容</th><th>检验结果</th><th>检验结论</th><th>备注</th></tr>
<tr><td>132</td><td rowspan="8">B9安全保护和防护装置检查</td><td rowspan="4">B9.29机械式停车设备专项安全保护和防护装置</td><td>（15）通风装置</td><td></td><td></td><td></td></tr>
<tr><td>133</td><td>（16）通讯装置</td><td></td><td></td><td></td></tr>
<tr><td>134</td><td>（17）应急救护装置</td><td></td><td></td><td></td></tr>
<tr><td>135</td><td>（18）安全钳和限速器及其型式试验证明</td><td></td><td></td><td></td></tr>
<tr><td>136</td><td rowspan="4">B9.30汽车专用升降机类停车设备专项安全保护和防护装置</td><td>（1）制导行程</td><td></td><td></td><td></td></tr>
<tr><td>137</td><td>（2）底坑红色急停开关和电源插座</td><td></td><td></td><td></td></tr>
<tr><td>138</td><td>（3）超载限制器</td><td></td><td></td><td></td></tr>
<tr><td>139</td><td>（4）停电时使升降机慢速移动到安全位置的装置</td><td></td><td></td><td></td></tr>
<tr><td>140</td><td rowspan="12">B10性能试验</td><td rowspan="4">B10.1空载试验</td><td>（1）运转、制动情况</td><td></td><td></td><td></td></tr>
<tr><td>141</td><td>（2）操纵系统、电气控制系统工作情况</td><td></td><td></td><td></td></tr>
<tr><td>142</td><td>（3）沿轨道全长运行啃轨现象</td><td></td><td></td><td></td></tr>
<tr><td>143</td><td>（4）各种安全装置工作情况</td><td></td><td></td><td></td></tr>
<tr><td>144</td><td rowspan="3">B10.2额定载荷试验</td><td>（1）机构运转情况</td><td></td><td></td><td></td></tr>
<tr><td>145</td><td>（2）主要受力结构件情况</td><td></td><td></td><td></td></tr>
<tr><td>146</td><td>（3）起重机的挠度</td><td></td><td></td><td></td></tr>
<tr><td>147</td><td rowspan="4">B10.3升船机过船联合试验</td><td>（1）试验项目、方法和要求</td><td></td><td></td><td></td></tr>
<tr><td>148</td><td>（2）各设备运行动作的准确性</td><td></td><td></td><td></td></tr>
<tr><td>149</td><td>（3）船只过坝过程中升船机整体运作的正确性、可靠性和安全性</td><td></td><td></td><td></td></tr>
<tr><td>150</td><td>（4）额定载荷试验</td><td></td><td></td><td></td></tr>
<tr><td>151</td><td>B10.4液压系统密封性能试验</td><td>新出厂或者大修、改造后的起重机械油缸回缩量、重物下降量，在用起重机械油缸回缩量（mm）</td><td></td><td></td><td></td></tr>
</table>

续表

| 序号 | 检验项目及其内容 | | | 检验结果 | 检验结论 | 备注 |
|---|---|---|---|---|---|---|
| 152 | B11 首检附加检验项目 | B11.1 产品技术文件 | （1）起重机械设计文件 | | | |
| 153 | | | （2）产品技术资料和安全保护装置型式试验合格证明 | | | |
| 154 | | B11.2 起重机械的作业环境和起重机外观 | 通向起重机械通道、起重机械上的通道和净空高度、梯子、栏杆 | | | |
| 155 | | B11.3 性能试验 | （1）静载荷试验 | | | |
| 156 | | | （2）动载荷试验 | | | |
| 检验： | | 日期： | 审核： | 日期： | | |

# 参考文献


[1] GB 50278—2010《起重设备安装工程施工及验收规范》.

[2] GB/T 20776—2006《起重机械分类》.

[3] GB/T 10183—2005《桥式和门式起重机 制造及轨道安装公差》.

[4] GB 50205—2001《钢结构工程施工质量验收规范》.

[5] GB 50204—2002《混凝土结构工程施工质量验收规范》.

[6] 本书编委会. 钢结构设计手册（上册）. 第3版. 北京：中国建筑工业出版社，2004.

[7] JB/T 9008.1—2004《钢丝绳电动葫芦 第1部分 型式与基本参数、技术条件》.

[8] JB/T 9008.2—2004《钢丝绳电动葫芦 第2部分：试验方法》.

[9] JB/T 5317—2007《 环链电动葫芦》.

[10] 全国起重机械标准化技术委员会 GB/T 3811—2008《起重机设计规范》释义与应用. 北京：中国标准出版社，2008.

[11] GB 5905—1986《起重机试验规范和程序》.

[12] JB/T 1114—1994《手动梁式起重机》.

[13] JB/T 1115—1994《手动桥式起重机》.

[14] JB/T 3775—1994《手动梁式悬挂起重机》.

[15] JB/T 1306—2008《电动单梁起重机》.

[16] JB/T 2603—2008《电动悬挂起重机》.

[17] JB/T 3695—2008《电动葫芦桥式起重机》.

[18] GB/T 14405—1993《通用桥式起重机》.

[19] JB/T 7688.1—2008《冶金起重机技术条件 第1部分：通用要求》.

[20] JB/T 5663—2008《电动葫芦门式起重机》.

[21] GB/T 14406—1993《通用门式起重机》.

[22] JB/T 8906—1999《旋臂起重机》.

[23] GB/T 3811—2008《起重机设计规范》.

[24] 特种设备安全监察条例（2009）.

[25] TSG Q7016—2008《起重机械安装改造重大维修监督检验规则》.

[26] TSG Q7015—2008《起重机械定期检验规则》.